U0905865

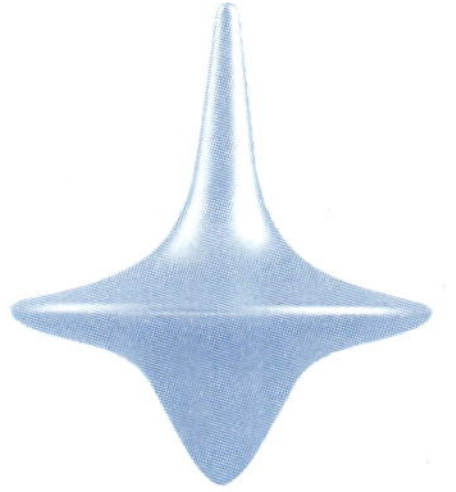

减压思维

宋晓东 著

天地出版社 | TIANDI PRESS

图书在版编目（CIP）数据

减压思维 / 宋晓东著. —成都：天地出版社，2022.8
ISBN 978-7-5455-7079-3

Ⅰ. ①减… Ⅱ. ①宋… Ⅲ. ①心理压力—心理调节
Ⅳ. ①B842.6

中国版本图书馆CIP数据核字（2022）第083392号

JIANYA SIWEI
减压思维

出品人 杨 政
作 者 宋晓东
责任编辑 孟令爽
封面设计 今亮后声
内文排版 麦莫瑞
责任印制 王学锋

出版发行 天地出版社
（成都市锦江区三色路238号 邮编：610023）
（北京市方庄芳群园3区3号 邮政编码：100078）
网 址 http://www.tiandiph.com
电子邮箱 tianditg@163.com
经 销 新华文轩出版传媒股份有限公司

印 刷 天津融正印刷有限公司
版 次 2022年8月第1版
印 次 2022年8月第1次印刷
开 本 880mm × 1230mm 1/32
印 张 8.5
字 数 196千字
定 价 59.80元
书 号 ISBN 978-7-5455-7079-3

咨询电话：（028）86361282（总编室）
购书热线：（010）67693207（营销中心）

如有印装错误，请与本社联系调换。

序

Preface

一个人只要想不断上进，就会遇到源源不断的压力。

有一次，我乘飞机返回上海，在飞机上，我旁边坐着一位50多岁的女士。她对我说，她女儿今年刚刚大学毕业，去了一家知名的跨国公司工作。

这原本是一件值得庆贺的事情，她却有些隐隐地担忧。原来，她女儿所从事的那份工作，压力非常大，经常需要熬夜加班。加上她女儿又是职场新人，还处在适应期，工作中难免会遇到很多令她抓狂的事情。

作为母亲，她很心疼女儿，所以就劝慰女儿："咱家条件还可以，换一份轻松一点的工作吧，不要活得那么累。"而女儿却对自己目前所面对的那些压力很看得开，对妈妈说："老妈，无论在哪里工作，一个人只要选择上进，就肯定要面对压力。我如果没有压力，就会成长很慢，生活也就没有什么意义了。这份工作是我自己的选择，你就让我再坚持一段时间吧。"

当这位母亲把女儿所说的话一字一句地复述给我听的时候，我能觉察到，虽然她对女儿目前的工作有所担忧，但是她说话时的语气和表情中透露出一种欣慰——女儿长大了。

压力，其实是我们成长道路上不可或缺的一位朋友。一个人如果在生活中感受不到任何压力，就很难有所成长，也很容易感觉精神空虚。

正如米兰·昆德拉在《不能承受的生命之轻》一书中所说：“也许最沉重的负担同时也是一种生活最为充实的象征，负担越沉，我们的生活也就越贴近大地，越趋近真切和实在。相反，完全没有负担，人变得比大气还轻，会高高地飞起，离别大地亦即离别真实的生活。”

值得注意的是，适度的压力才是我们的朋友，过度的压力就是我们的问题。所以，减压的目的，并不是要把压力从我们的生活中彻底抹去，而是减掉那些超出我们承受能力范围的有害压力，留下那些适度的且对我们的成长有益的压力。我们要学会和这些有益的压力优雅共舞，最终成就更加幸福的人生。

既然毫无压力的“躺平式生活”只会让一个人感受到精神上的空虚以及生命的无意义，与压力共舞又很难做到，那么，到底如何做才能达到真正的减压目的呢？

谈及如何减压，几乎每个人都能说上几条减压的方法，比如听音乐、运动、吃东西、和好朋友聊天、借酒消愁、玩网络游戏、疯狂购物等。但是，在人们所能轻易说出的这些减压方法中，有一些是经过科学验证的有效减压方法，而有一些则是糟糕透顶的减压方法。比如借酒消愁、玩网络游戏、疯狂购物，这些减压方法从本质上来说只是在逃避问题，它们只会让人暂时感觉良好，之后则会带来更多的压力和负面问题。所以，想要更好地应对压力，我们需要掌握一套科学的减压方法，对“症”下药。例如，很多人都知道运动是一个有效的减压方法，但是假如一个人正在为工作和金钱发愁，单靠运动根本无法达到减压的目的。此时，他需要学习一些时间管理的方法、高效努力的方法等才能有效减压。

但无论如何减压，我们的最终目的都是让人生收获幸福。

基于这一认知，我写作本书时借鉴了积极心理学之父马丁·塞利格曼在《持续的幸福》一书中所提出的有关幸福的最新理论——“幸福2.0”理论。“幸福2.0”理论认为，幸福的生活包含五个必不可少的元素，分别为积极情绪、投入、人际关系、意义和成就。我从这些元素出发，并参考、引用了不少心理学、管理学领域的研究成果，提炼出二十种能够有效应对生活中不同种类压力的思维方法，得以完成本书。

此外，我在从事心理咨询实践的过程中积累了很多经验，深知一个人想要真正发生改变，就必须先从转变自己的认知和思维方法开始。一个人一旦在思维方法上发生了改变，那么这个人的情绪、行为和生活状态就会跟着发生深刻的改变。在你下一次面临压力的时候，希望这本《减压思维》能够帮到你，让你不再那么慌张，敢于逆风飞翔，让人生闪闪发光。

目录

Contents

幸福感来自自己的优势与美德，

通过自己的努力获得幸福，

才会有真正的幸福感受。

——马丁·塞利格曼

思维01

不要逃避问题，选择迎难而上

逃避问题，只会带来更多的问题

从我在电脑上敲出第一行字起，到此时此刻，已经距离我起床写作有一个小时的时间。由于写作进展缓慢，我内心感觉十分焦虑。

之所以迟迟没有动笔，是因为在内心深处我认为，这篇文章会放在整本书的开篇部分，应该给这篇文章写一个漂亮的开头，给读者留下一个完美的初印象。由于对最初想到的几个案例不太满意，我不停地寻找写作灵感，四处搜集素材，浪费了不少时间。

我忽然意识到，刚刚过去的这一个小时的经历，其实就是一个我在苦苦寻找的案例——面对一个难度较大的任务，我产生了严重的逃避心理，然后不停地去做其他事情，以回避去做那件最重要的事情（写作），最终使自己频繁地感受到焦虑和压力。

其实，人人都有逃避问题的倾向。只不过有的人逃避问题的程度比较轻，而有的人逃避问题的程度比较严重罢了。

有时候，我会离开办公室，去学校的图书馆学习。因为我觉得学校图书馆比较安静，学习气氛更浓一些。但是，在图书馆里，我经常发现有的学生在桌子上摆着一本书，却拿着手机一直在玩，整个上午都不曾翻开书本，到了中午就收起书本去吃午饭了。

你可以说这就是自欺欺人，其实背后隐藏着逃避问题的心理。因为比起看枯燥的书本，玩手机轻松容易多了，所以手机就成为一个逃避问题的理想“避难所”。

我认识一位职场人士小A。初入职场的两年时间内，小A就换了好几份工作。每次找我做咨询的时候，他都有各种各样冠冕堂皇的理由解释他为什么非离职不可。比如，第一次离职，是因为工作内容太简单、枯燥，他感觉学不到新东西；第二次离职，是因为他的直属领导总是故意针对他，他感觉自己受到了很多不公平的待遇；第三次离职，是因为他受不了“办公室政治”，身边的同事总是想方设法排挤他，让他感觉不到归属感。

小A口才很好，每次描述他所受到的不公平待遇的时候，都感情饱满、义愤填膺，讲得绘声绘色，让我很容易对他的遭遇产生同情和怜悯。但是我只要镇静下来一想，就总感觉哪个地方不对——为什么这些倒霉的事情都被小A遇到了呢?

表面上看，小A过来找我做咨询，是想找个人倾诉他的“悲惨”遭遇，然后探明他接下来的行动方向。但从本质上来看，小A一直在为他逃避问题的行为和思维方式寻找借口，从而让他置身于“受害者”的角色，这样他就可以正大光明地逃避做出任何积极的改变，也不再需要鼓起勇气去面对各种难题了。

小A如果不及时意识到自己一直在逃避问题，就很容易长期躲在自己精心编织的虚幻世界里，渐渐失去前进的动力，让自己的人生发展慢慢停滞，甚至遭遇严重的心理危机。

这不是危言耸听。在《少有人走的路：心智成熟的旅程》一书中，作者斯科特·派克写道："逃避痛苦的倾向，是人类心理疾病的根源。" "如果不顾一切地逃避问题和痛苦，不仅会错失解决问题、推动心灵成长的契机，还会使我们患上心理疾病。长期的心理疾病会使人的心灵停止成长，如果不及时治疗，心灵就会萎缩和退化，心智就永远难以成熟。" ①

环顾四周，很多深受焦虑、抑郁、恐惧情绪困扰的人，多半都有逃避问题的心理倾向。当面对压力情境的时候，我们会看到各种各样的诱惑，就想逃避问题——刷手机短视频、玩网络游戏、购物、酗酒等。

虽然这些逃避问题的方式可以让我们快速得到一些心理上的安慰，但是后患无穷。毕竟现实问题不会因逃避而自行消失，等到我们不得不去面对现实问题的时候，只会感受到比之前更大的压力。用一句话来概括：如果我们不去解决问题，那么我们自己就会成为

---

①［美］斯科特·派克.少有人走的路：心智成熟的旅程[M].于海生，译.北京：中国商业出版社，2013：18.

问题。

因此，如果你要问我保持心理健康的最好方法是什么，我的答案非常简单——不要逃避问题，要选择迎难而上。

你会选择承受积极的痛苦还是消极的痛苦

我的一个朋友，他每天下班之后就长时间地玩游戏，可每次玩完游戏后都感觉心里极度空虚。但是他依然没有办法停止玩游戏，即使他已经玩腻了那款游戏。

我问他，为什么不考虑在下班后去结交一些新的朋友？他苦笑着对我说："与到外面去和别人交流相比，我还是觉得待在游戏的虚拟世界里比较舒服。"这也是一种逃避问题的心理。后来我的这位朋友怎么样了呢？最近一次我见他的时候，他对我说，他一直生活在痛苦中。

很多容易对生活感到失望的人，他们的大脑中一直存在一个错误的假设——人生总是在快乐和痛苦之间做出选择。这就可以理解，为什么有的人在面对玩网络游戏和真实社交这两个选项的时候，会毫不犹豫地选择玩网络游戏了。因为他们误认为玩网络游戏是快乐的，而参与真实社交是痛苦的（可能有被拒绝、被忽略、被伤害的潜在威胁）。

然而，人生的一个真相是——苦难重重。在大多数时候，我们都需要在两种痛苦之间做出选择：一种是积极的痛苦，另一种是消极的痛苦。

我们在选择迎难而上的时候，就是在选择一种积极的痛苦——只要跨过这种痛苦，我们就可以实现心灵的成长，内心越来越强大；我们在选择逃避问题、欺骗自己的时候，就是在选择一种消极的痛苦——我们会在外表裹着糖衣的快乐陷阱中越待越久，最终失去前进的勇气，陷入长期痛苦的泥沼。

对于我的那位朋友来说，参与真实社交也许会让他感觉痛苦，但是如果敢于直面这个积极的痛苦，他就会不断增加社交经验，实现自我成长，最终品味到幸福。如果他选择了玩网络游戏这个消极的痛苦，就会长时间待在快乐陷阱中不能自拔，越玩游戏精神越空虚，慢慢地失去前进的动力和信心，最后任由自己不断沉沦下去。

所以，当下一次我们面对一种压力情境的时候，我们不妨先扪心自问：接下来我将做出的选择，是承受一种消极的痛苦，还是承受一种积极的痛苦？

鼓起直面问题的勇气

我们如何才能摆脱逃避问题的心理，在迎难而上的过程中获得更加持久的幸福呢？接下来，我从一个发生在自己身上的案例入手，分享四个实用的方法，帮助大家鼓起直面问题的勇气。

大学刚刚毕业时，我曾经和一个很好的就业机会擦肩而过，至今回忆起来都感觉有些惋惜。当时，经熟人推荐，我进入一家英语培训机构做实习生。

按照实习生的工作流程，我需要先去不同老师的课堂上听课，在熟悉了不同老师的讲授风格之后，自己再准备一堂课试讲。如果试讲成功，我就可以转成正式的讲师。

听起来整个流程非常简单明了，但是做起来却困难重重。从我听到这家培训机构的老板对我说“要好好准备试讲”的那一刻起，我就开始忐忑不安。尤其是当我听完不同老师的课之后，我觉得这些老师都很厉害，自己并没有通过试讲的信心。

于是，我开始不断逃避试讲这件事情，想出各种理由拖延试讲。后来，这件事情实在没办法拖延下去了，我依然没能鼓起试讲的勇气。有一天，我对老板说：“家里有些事情，我需要回去处理一下。”回到家之后，我再也没有去那家培训机构实习。当时的我选择了逃避问题。

这些年来，我一直想把自己塑造成一个积极努力、勇敢奋进的形象，但是这次实习的经历却始终是我心头无法抹去的一个阴影。

当时的我，为什么要逃避？经仔细分析后，我认为至少有四个方面的原因。第一，想要得到这个职位的决心并不是足够坚定。第二，害怕自己试讲的时候表现得不完美，被别人嘲笑。第三，有畏难心理。觉得完成试讲是一个非常艰巨的任务，从备课到讲课，每一个环节都让当时的我感到压力巨大。第四，害怕自己应聘失败，最终不能被这家培训机构录取。

事实上，以上四个因素，就是导致我们逃避问题的常见因素。我们只有逐个破解，才能鼓起直面问题的勇气。

1. 不断澄清自己想要的东西

很多人都十分清楚自己不想要的东西，如不喜欢加班、不喜欢学习英语、不喜欢处理复杂的职场关系等。但是，他们对于自己真正想要什么却不甚了解。我们如果知道了或者明确了自己到底想要什么，就很容易鼓起直面问题的勇气。正如尼采所言，如果你知道了自己为什么而活，那么你就会忍受任何一种生活。

也许你不喜欢加班，但是如果你明确了自己真正想要的东西——拥有更多的经济收入，从而可以和心爱的人在大城市里有一个固定的住所，那么你就能鼓起直面加班的勇气；也许你不喜欢学习英语，但是如果你明确了自己真正想要的东西——通过雅思考试，从而申请到国外的一所理想高校去继续深造，那么你就能鼓起学习英语的勇气；也许你不喜欢处理复杂的职场关系，但是如果你明确了自己真正想要的东西——不断提升自己的情商，在与人交往的过程中游刃有余，在自己需要帮助的时候有一堆朋友愿意伸出援手，那么你就能鼓起在复杂的人际关系中不断修炼自己的勇气。

2. 相信完成胜过完美

常年写作的经历告诉我，如果我总是想要一下笔就写出一篇特别完美的文章，这个时候往往是没有办法下笔的。我只有退后一步，怀抱下面这样一种信念的时候，才能鼓起勇气不断地动笔写东西：不管三七二十一，先把文章写出来，再不断地修改和完善，把文章打磨得愈加完美。

虽然写作靠灵感，文思泉涌的高光时刻偶尔会发生，但对于一个写作者来说，大部分写作过程都需要面对没有灵感的现实。这时就需要作者耐得住寂寞，按照写作框架先完成初步作品，再进行下一步的打磨。现在的我，更加相信好文章是不断修改出来的，而不是靠灵感一气呵成的。

要想鼓起直面问题的勇气，我们就必须暂时放下追求完美的心态，相信“完成胜过完美”的道理，让自己变得更加具备行动力。

一直以来，我很庆幸自己早在2013年就在学校里开设了幸福课，传播积极心理学方面的知识。正是因为很早地开设了这门课程，我积累了很多素材，从而有机会在2016年就出版了一本和积极心理学有关的通俗心理学读物。通过这本书，我又有机会认识和接触到一些积极心理学界的专家级人物。

在开设这门课程之前，我原本也有一些逃避的想法——比如，掌握的资料还不够多，对这门学科的了解还不够透彻，等等。好在当时的我特别相信“完成胜过完美”的道理。而且，我知道，一门课程是无法通过准备而达到完美的状态的。我只有先把这门课程开设出来，随着自我知识储备的不断丰富，加上学生的反馈，才能有机会把这门课讲得越来越好。

你如果现在也有一个很好的想法，不妨先努力去尝试做一下，也许开局并不完美，但是只有先把这件事情完成，才能让它有不断完善的机会，最终慢慢让它走向完美。你如果仅仅把想法装在大脑里而不去行动，那么美好的事情永远不会自己发生。

3. 把大目标切割成小目标

日本有一位传奇的马拉松选手，名字叫山田本一。1984年，他获得了东京国际马拉松比赛的冠军。记者问他获得冠军的秘诀是什么。山田本一回答说："我是凭借智慧获得冠军的。"当时很多人认为他在故弄玄虚，都觉得要在马拉松比赛中取胜，最主要的还是靠体力和耐力，智慧实在算不上重要的影响因素。然而，在两年之后的意大利马拉松国际邀请赛上，山田本一再次获得了冠军。面对记者的采访，他依然回答自己是凭借智慧取胜的。这个时候，人们才开始认真对待他所说的话，想要了解他口中所讲的"智慧"到底是什么意思。

山田本一参加马拉松比赛时所运用的智慧，可以用一句话概括——他非常善于把大目标切割成小目标，再将小目标各个击破。每次在比赛开始之前，他都会乘车把比赛的具体线路观察一遍。在观察的过程中，他会把整个马拉松的路线划分成若干个小目标。比如，他的第一个目标是跑到银行处，第二个目标是跑到一棵大树处，第三个目标是跑到一栋红房子处。在比赛真正开始后，他就奋力朝着第一个目标冲去，完成第一个目标之后，再去努力完成第二个目标……直到冲向终点线。

这种把大目标划分成小目标的做法，让他消除了畏难心理，最大限度地发挥出了自己的潜力。刚开始，他没有搞懂这个道理，因此在比赛中常常落败。他在自传中写道：“我把我的目标定在40多公里外终点线的那面旗帜上，结果我跑到十几公里时就疲惫不堪了，被前面那段遥远的路程吓倒了。”①

无论面对一个多么艰巨的任务或者一个多么远大的目标，我们都可以将其拆解成一个个小任务或者小目标。正如《道德经》所云：“合抱之木，生于毫末；九层之台，起于累土；千里之行，始于足下。”

读博士研究生期间，我对“把大目标切割成小目标”的方法有非常深刻的体会。作为一名文科博士，我要写的毕业论文除了在文字质量上要满足要求，在文字数量上也有一定的隐性要求。当时，我给自己提的要求是毕业论文要写15万字左右。看起来，这似乎是一个非常艰巨的任务。可是只要把这项写作任务切割成更小的目标，写论文的过程就没有那么令人望而生畏了。在确定好论文写作主题、论文大纲，以及收集好论文的写作素材之后，

①360百科.山田本一[EB/OL].[2021-07-02].https://baike.so.com/doc/1975551-2090721.html.

我计划用100天左右的时间完成论文的初稿，每天要完成的任务是1500字左右。

目标定好之后，接下来就是执行目标任务。为了完成每天1500字左右的论文写作任务，我每天会在上班路上的地铁里完成一部分内容，在下班之后再完成剩余的部分。暑假期间，我每天早上吃完饭之后，就把自己关在岳父家的阁楼上，不完成当天的写作任务坚决不下楼做其他事情……就是靠着这种“每天进步一点点”的精神，我按计划写完了博士论文。

4. 把失败看作成长的机遇

逃避问题的一个常见外在表现形式就是拖延，而导致拖延的一个重要原因就是害怕失败。正如《拖延心理学》一书中所说：“有些人宁愿承受拖延所带来的痛苦后果，也不愿意承受努力之后却没有如愿以偿所带来的羞辱。对他们来说，责备自己邋遢、懒惰和不协作比把自己看成无能和无价值（而这就是他们深为恐惧的‘失败’）要容易忍受得多。”①

既然逃避问题经常和害怕失败的心理联系在一起，那么想要鼓起直面问题的勇气，就要调整面对失败的心态，改变对失败的看法。假如我们把失败看作对自我能力的否定，那么我们一定会非常

---

①［美］简·博克，莱诺拉·袁.拖延心理学[M].蒋永强，陆正芳，译.北京：中国人民大学出版社，2009：22.

害怕失败。但是假如我们把失败看作成长的机遇，相信“吃一堑，长一智”的道理，我们就很容易鼓起直面问题的勇气。读到这里，大家可以暂停一下，然后思考一个问题：自己在心理层面所实现的一些重要成长，是不是都与某一次挫折、磨难导致的失败有很大的关系？

比如，有的人因为遭遇过失恋的痛苦，痛定思痛，逐渐明白了如何更好地去爱一个人；有的人因为在工作上犯了错误，被领导狠狠地批评了一顿，才知道如何把领导交代的任务完成得更加妥帖；有的人经历了很长一段时间的迷茫期和痛苦期，才终于想明白自己到底该走哪一条路。

一个人如果不经历任何失败，就如同温室里的花朵，很难实现任何成长。很多人害怕失败，整天躲在自己的舒适区，最终的结果就是一直停留在原地，能力方面始终没有太大的长进。因此，对于一个正处在奋斗过程中的年轻人来说，即使尝试之后失败了，也比不敢尝试要强很多倍。

回到“我之前应聘英语培训教师却不敢试讲”的案例中，当年的我，如果明白了以上四个道理，并且能够努力践行，说不定就可以更好地把握住那次实习机会，而不是选择逃避。

当年的我，如果能够“不断澄清自己想要的东西”——就是特别想成为那家培训机构的一名英语培训教师，相信“完成胜过完美”的道理——不再害怕丢面子，知道“把大目标切割成小目标”——一点点去完成备课和讲课任务，可以“把失败看作成长的机遇”——即使试讲失败也可以学到不少东西，那么我或许可以更好地把握住当初的那次机遇。更加重要的是，我会因为战胜了一个挑战而变得更加自信。

不过人生没有“如果”，事情既然发生了，就是无法改变的。这个时候，我们需要一种更加积极的心态：这件事情发生在我的身上，是为了让我汲取经验和教训，让我在心理上有所成长。

和大家共勉。

思维02

战胜消极思维，排除情绪“地雷”

所有负面情绪，都来自消极的思维方式

“这个学生，真是太不把我这个老师放在眼里了！”当大脑中出现这个想法的时候，我刚刚打开电子邮箱，发现收件箱中依然没有收到一个学生的期末作业。

我之所以会感到如此生气，是因为这个学生在课程结束之后迟迟未交作业，而且我已通过电子邮件提醒了他两次，却没有收到他的任何回复。

于是，我带着一肚子怒气，通过电子邮件给这个学生下了最后通牒——“今天晚上十二点之前，如果还没收到你的作业，那么你的这门课程就要挂科了，希望你引起重视！”

第二天早上，我满怀期待地打开收件箱，依然没有收到这个学生的作业。我感到非常失望。

读到这里，也许你会说：“既然设定了交作业的截止时间，如果某个学生没按时交作业，就应该直接给这个学生判零分，不需要来回去催。”虽然我也这样想过，但是直接让这个学生挂科，我有些于心不忍。

因为我提到的这个没交作业的学生，他曾在课间专门跑过来向我请教过问题，应该不是那种故意拖着不交作业的学生。想来想去，最后我决定打破惯例，从班上其他同学那里要到了这个学生的电话号码，直接给这个学生打电话，确定一下到底发生了什么。

经过一番沟通得知，这个学生平常不怎么看电子邮箱，所以一直没看到我发给他的电子邮件。而他一直以为自己已经交了作业，却没发现他的邮件并未发送成功。电话里，学生对我连声说抱歉，并且非常礼貌地对我说“老师辛苦了”。很快，他就把作业发给了我。

我原本带着很多怒气打的这个电话，在听完这个学生的一番解释以及收到他的作业之后，很快就消气了。因为我发现这个学生没交作业并非有意而为之，而是因一时疏忽大意造成的。毕竟，谁都会有粗心大意的时候。

这件事让我意识到，很多时候，导致我们心情感到烦躁、恼怒、低落的原因，往往不是某件事情本身，而是我们对待这件事情的看法或态度。

同样是面对学生没按时交作业这样一件事情，如果我的看法是“学生根本就不把我这个老师放在眼里”，那么我就很容易感到生气，非常上火；而如果我的看法是“学生只是因一时疏忽大意而没能成功地上交作业”，那么我就很容易理解学生，不会因为这件事感到特别挫败。

这也是心理咨询中认知疗法所主张的一种观点——我们所有的情绪，其实都来源于我们对待某件事情的认知或思维方式。[①]也就是说，导致我们情绪糟糕的原因，往往不是那件看似“倒霉的事”，而是我们用什么样的眼光看待发生在我们身上的这件事。面对同样一件事情，我们如果采用不同的认知方式去看待，就会产生不一样的情绪反应。

比如，同样是面对杯子里只剩半杯水的情形，如果我们采用积极的思维方式去看待——告诉自己“杯子里还剩半杯水呢”，我们就会很开心；如果我们采用消极的思维方式去看待——不停地抱怨“杯子里怎么只剩半杯水了”，我们就容易感到沮丧。

总之，如果我们采用积极的思维方式看待整个世界，那么我们的内心就很容易感到温暖和希望；如果我们执着于采用消极的思维方式看待整个世界，那么我们的内心就很容易感到失落和压抑。

---

①［美］戴维·伯恩斯.伯恩斯新情绪疗法[M].李亚萍，译.北京：科学技术文献出版社，2014：22.

10种典型的消极思维方式

那么，到底如何才能阻止我们的大脑被消极的思维方式占领，使我们深陷消极情绪中不能自拔呢？

我们需要先认清消极思维方式的常见类型。美国著名心理学家、认知疗法最重要的发展者之一伯恩斯教授提出了著名的“十大认知扭曲”①。这十大认知扭曲，实际上就是人们在面对问题的时候容易采取的10种典型的消极思维方式。

这10种典型的消极思维方式，如同埋藏在大脑中的地雷一般，只要一触碰，就会马上引发消极情绪。所以，要想减少或消除消极情绪，我们就要先把这些隐藏在大脑中的情绪“地雷”排除。接下来，我们花点时间看清这些情绪“地雷”的真实面目吧。

第一，非此即彼。你觉得自己在一件事情上做得不完美或者遇到了一点失败，便马上认为自己是一个彻底的失败者。比如，一个经常考第一名的学生有一次考了第二名，就马上觉得自己非常愚笨、一无是处。

第二，以偏概全。如果某件事在你的身上发生过一次，你就武断地得出结论：“这件事总会在我的身上发生。”比如，孩子在受到妈妈的批评之后，马上得出结论：“妈妈以后再也不可能喜欢我了。”

---

①［美］戴维·伯恩斯.伯恩斯新情绪疗法[M].李亚萍，译.北京：科学技术文献出版社，2014：39–46.

第三，心理过滤。你犯了一个错误，就瞬间忽视或遗忘了自己所做的其他正确的事情。这种思维方式就如同给自己戴上了一副有色眼镜，这副眼镜会过滤掉所有积极的事情，让你满眼只能看到那些消极的事情。比如，我的一个学生在进行一次演讲的时候，整体表现不错，但是中间稍微有点忘词，不过他很快就调整好了状态，瑕不掩瑜。然而，演讲结束后，这个学生却非常失落地对我说："我的整个演讲都非常失败。"

第四，否定正面思考。当你有正面体验的时候，比如，有人夸你厉害的时候，你会下意识地觉得，这只不过是意外罢了。与此同时，你总是竭尽全力地去搜索证据，以证明你的消极思维是对的。比如，有的人明明很受欢迎，但是他却执着地认为，这是因为别人不了解他罢了；如果别人真的了解他，就不会喜欢他。

第五，妄下结论。你会在没有找到事实依据的前提下，就对自己下了一个非常负面的结论。比如，根据对方的一个奇怪的眼神或者一句稍带否定语气的话，就妄下结论："这个人肯定看不起我或者讨厌我。"

第六，放大和缩小。你倾向于放大自己的缺点，与此同时，缩小自己的优点。比如，有的人总是能看到自己的各种缺点，却不知道自己到底有什么优点。

第七，情绪化推理。根据自己的情绪而非事实对一件事情的严重程度做出推理。比如，有的人一见到陌生人就会心跳加速、莫名紧张，于是根据自己的生理或情绪反应得出结论："见陌生人对我来说就是世界上最恐怖的事情，我永远都无法做到单独与一个陌生人见面聊天。”

第八，应该思维。认为自己应该、必须完成某项任务或者达到某项要求。比如，有人认为，自己必须在工作第一年就拿到十万元年薪，否则就说明自己没有实现个人价值。

第九，乱贴标签。把自己的某个缺点夸大之后作为定论来接受。比如，“我是一个永远都不擅长与人交流的人”“我注定是一个一事无成的人”，等等。

第十，罪责自己。只要遇到了负面事件，就认为是自己犯了错。比如，办公室里面有一位同事今天心情不好，你马上会想：“是不是我在哪些方面得罪了这位同事？”而事情的真实原因是，这位同事家里出了一些状况，所以他才不开心。

回到文章开头我提到的那个案例，我发现自己作为一名教师，因为一个学生没按时上交作业就感到挫败或愤怒，并不是由“学生没按时上交作业”这件事情本身造成的，而是由我大脑中深藏的一些消极思维方式造成的。

比如，我的大脑中有“非此即彼”的思维方式——当一个学生没按时交作业的时候，我就感觉自己作为老师很失败，没有足够的权威；我的大脑中也有“妄下结论”的思维方式——我在没寻找到事实依据的前提下，就得出“这个学生看不起我”的结论；我的大脑中还有“应该思维”——我认为所有的学生都必须按时上交作业，不允许出现任何例外的情况。

一旦有了上述认识之后，我就明白了自己消极情绪的真正来源。这个时候，我会再提醒自己，不要把感受当作事实，要采用更加理性的态度改变这些消极的思维方式。

所以，要想扮演好一位情绪稳定的成年人，我们就需要努力培养一种理性的态度。我们可以把这种理性的态度想象成一位严谨的小律师，他会对每一个消极的想法进行仔细的审查，寻找这些消极想法背后是否有可靠的证据支持。如果找不到支持这些消极想法的证据，他就会毫不犹豫地推翻它们，然后用更加理性的想法取代它们。

下面，我就以当学生没有按时交作业时我大脑中所产生的一些消极想法为例，讲解一下如何运用更加理性的态度改变这些消极的思维方式。

首先，针对我的大脑自动出现的一个消极想法——“只要有一个学生没交作业，我作为老师就很失败”，我可以尝试运用理性思维去认真审查这个想法是否站得住脚。

很显然，这个消极想法是站不住脚的。评价一个老师价值的标准有很多，例如讲课水平、科研能力、和学生的互动情况等，而绝对不是只有学生是否上交作业这一条。同时，即使是最好的老师，也可能会遇到学生不交作业的情况，这一点往往不是老师自己可以控制的。

其次，我运用理性思维对大脑中出现的第二个消极想法进行了一番审查，这个消极想法就是——“这个学生不交作业，是因为看不起我”。

显然，这个想法也是站不住脚的，因为导致学生没有按时交作业的原因太多了。例如，忘记交作业的截止时间，做作业的过程中遇到了难题，因网络问题导致作业上传失败等。很少有学生因为看不起老师而故意不交作业，毕竟绝大多数学生都想掌握课程内容，增加知识积累，顺利通过课程考核。

最后，我运用理性思维审视了大脑中出现的第三个消极的想法——“所有学生都应该按时上交作业，不应该出现例外的情况”。

当我在电脑上敲出这句话的时候，我都觉得这个想法很荒谬。在现实世界中，几乎所有的事情都有例外，几乎所有的事情都不可能做到十全十美，我们永远没有办法苛求现实按照自己的意志去运行。我们能做的，只有接纳并改进不完美的现实。

当我运用理性思维对上述这些消极想法进行一番仔细的审查后，我的心情好了很多，因为我发现在遇到问题后大脑中自动浮现出的那些负面想法是站不住脚的，而我也无须为了这些站不住脚的负面想法黯然神伤。

改变消极思维方式的三个有力武器

我再通过一个具体的案例，详细讲一讲如何快速有效地识别这10种消极的思维方式，更加重要的是，如何通过三个有力的武器改变这10种消极的思维方式。

我的一位朋友凯文，有一天问我是否有空，他说想和我聊聊。我们见面之后，没想到坐在我对面的这位国外名校毕业的心理学博士研究生会对我说，他觉得自己一文不值，是一个失败者。

他刚从国外博士研究生毕业回国，进入了国内一所知名高校工作。然而，在最近一次的高级职称评审中，他没有评上副教授。这件事让他很受打击。要知道，他回国后的目标原本是，以最快的速度评上副教授，再评上教授。

在评高级职称失利后的一个月时间里，他慢慢陷入了一股悲观情绪中。他对我说，他在国外这几年过得特别辛苦，拿到博士学位是他唯一的精神支柱。读博期间，当感觉坚持不下来的时候，他就会努力想象自己拿到博士学位之后的场景——他会过上幸福的生活，他会成为家人的骄傲，他会成为某大学里一颗冉冉升起的学术新星。

他原本以为，读博是他人生中经历的最后一次大的磨难，只要能熬到博士研究生毕业，一切就都会好起来。然而，这次没有评上副教授，让他对一切充满了怀疑。他甚至开始怀疑，是不是自己根本就不适合搞学术研究。

凯文还告诉我，当他感到情绪差的时候，他就会陷入一种自我谴责中，责备自己在申报一项国家级课题的时候，没有付出最大的努力，结果没有申报成功。否则，如果有那项国家级课题作为保障，这次他就有可能评上副教授。

在任何人看来，凯文都是一个令人羡慕的对象——他长相英俊，年纪轻轻就拿到了博士学位，能说一口流利的英语，并且回国后就担任了国内一所知名高校的教员。但是现实情况是，他竟然活得这么痛苦。

而凯文之所以活得这么痛苦，并不是因为他所处的状况真的糟糕透顶，只是因为他一直带着一种消极的思维方式看待自己的处境。而我之所以选取他的案例进行讲解，是因为在和凯文对话时，我发现我在前面提到的10种消极思维方式，他几乎全中。后来，我就把凯文具有的这10种消极思维方式一一讲给他听。

第一，非此即彼。凯文认为自己没评上副教授，就是一文不值的人。

第二，以偏概全。凯文根据自己没评上副教授这件事情，开始怀疑自己不适合搞学术。

第三，心理过滤。凯文揪着自己的一个错误不放——他认为自己在申请国家级课题的时候没有用尽全力，于是不断地自责，却忽略了自己在其他方面付出的努力。实际上，他已经发表了几篇质量非常高的科研论文。

第四，否定正面思考。我对凯文说，我非常羡慕他是海外名校毕业的博士，凯文却显得过分的自谦，并且认为那没有什么了不起。

第五，妄下结论。凯文是很有做学术研究的潜力的，无论是博士顺利毕业，还是能够进入现在这所知名高校担任教员，都和他的学术潜力密不可分。但是凯文却认为自己不适合搞学术。

第六，放大和缩小。对于凯文来说，他放大了自己没评上副教授这件事情的严重性，同时缩小了自己原本非常有学术潜力这件事的重要性。

第七，情绪化推理。凯文感觉自己情绪消沉，因此他便推理说，没评上副教授这件事情真的很糟糕。他甚至说，这是他职业生涯中最大的打击。

第八，应该思维。凯文认为自己应该以最快的速度评上副教授。

第九，乱贴标签。因为没评上副教授，凯文就将自己定义为一个失败者。

第十，罪责自己。事实上，对于凯文来说，这一次没评上副教授是由多方面原因决定的。例如，这次评选，他所在的院系只有一个名额，而他的竞争者为了评职称已经准备了很多年，也的确在一些方面表现非常优秀等。这些都是导致凯文没有评上副教授的因素，他自己的努力程度和准备程度不够只是其中的一个因素而已。

听完上述分析后，凯文感觉舒服了一些，他终于明白了自己被消极情绪反复折磨的原因。不过，他更想知道的是，如何改变这些消极的思维方式。在和凯文沟通的过程中，我主要采用了以下三项技术，帮助凯文从情绪的阴霾中走了出来。

第一项：证据检查技术

所谓证据检查技术，就是认真检查你的负面想法，看看是否有充分的证据。[①]

例如，凯文认为自己是一个失败者、不适合做学术研究，我就让凯文去寻找这些负面想法的证据。后来凯文发现，几乎没有证据可以证明这些负面想法。

但他有很多优势和强项，可以证明自己不是一个失败者。比如，他能讲一口标准的英文，通过自己的努力拿到了国外名校的博士学位，曾经在国际知名期刊上发表过学术论文等。

总之，我们在大脑中产生一些负面的想法，感到很糟糕的时候，千万不要把这些负面的想法和糟糕的感受当作既成事实来接受。请牢记这句话：感受不等于事实。

当心情感到糟糕的时候，我们首先应该做的，是认真检查这些负面的想法和糟糕的感受是否有证据支撑。如果没有找到证据支撑，我们就应该说服自己拒绝接受这些负面的想法和糟糕的感受。

第二项：自我同情技术

很多带有负面想法的人，往往采用双重标准——他们会在自己遇到不如意的事情的时候，不断地批评自己、苛责自己。但是他们

① ［美］大卫·伯恩斯.焦虑情绪调节手册[M].李迎潮等，译.上海：学林出版社，2009：128-129.

在别人遇到类似事情的时候，则会同情别人，从更加客观的角度看待问题。其实，他们更加需要同情自己。①

根据这项技术，我和凯文做了一项角色扮演。我扮演凯文的角色，凯文扮演安慰者的角色。当我说出自己因为没有评上副教授而感到自己一文不值的时候，凯文很快就能找到理由安慰我，“事情根本就没有你想象的那么糟糕”。其实在安慰我的过程中，他自己也得到了治愈。

当我们感到自己深陷消极情绪中不能自拔的时候，往往也是我们最需要被好好关心的时候。这个时候，如果我们能够减少自我攻击，停下来适当地进行自我关怀，对自己说一句：“你太累了，好好休息一下吧，别太较真了，放过自己吧。”这种及时的自我同情和关怀，对于我们平复情绪将会有很大的帮助。

第三项：过程评价技术

我们在评价自己的努力程度的时候，通常可以选择两种方式来评价，一种是基于过程的评价方式，另一种是基于结果的评价方式。

我们在基于结果来评价自己的时候，很容易否定自己的全部努力。而我们在基于过程来评价自己的时候，则较容易从客观的角度

---

①［美］大卫·伯恩斯.焦虑情绪调节手册[M].李迎潮等，译.上海：学林出版社，2009：117.

来评价自己的努力。[①]

根据这项技术，我引导凯文努力去看到他在评副教授过程中所做出的努力，从在知名期刊上发表学术论文，到他在申请国家级课题过程中所付出的努力，再到他教的课程得到了学生较高的评分等。在回顾这些过程的时候，凯文慢慢找到了自己的价值感，不再感到自己一文不值了。

虽然我们都知道“努力才会有收获”的道理，但是很多时候努力并不能保证我们一定会得到自己想要的结果。这个时候，我们应该尝试坦然地接纳那个不完美的结果，然后在心里默默告诉自己：“最起码我已经努力争取过了，即使没得到我想要的结果，我也问心无愧。”

毕竟，有意义的生命并不仅仅是由一个个孤零零的结果组成的，而是由一个又一个努力奋斗的过程组成的。

作为一名心理咨询师以及一位心理学知识的科普作者，我经常会想当然地认为，自己已经对各种消极的思维方式了然于心，也有相应的策略和方法轻松应对，因此不会轻易受到这些消极思维方式的干扰。

然而现实情况却是，“知道”和“做到”之间真的有太长的距离，只要稍微不注意，我们就很容易陷入上述10种消极思维方式

① [美] 大卫·伯恩斯.焦虑情绪调节手册[M].李迎潮等，译.上海：学林出版社，2009：154.

中。因此，以上10种消极思维方式以及三项应对技术，值得很多人收藏并且反复提醒自己。

我自己的一个做法就是，把这10种消极思维方式制作成一张纸质清单，贴在书桌前的显眼处。每当感到情绪低落的时候，我就会对照这张消极思维方式清单来反思一下，看看自己是不是又陷入某一种或某几种消极思维方式里面了。然后，我会尝试以上文提到的三项应对技术为武器，改变这些消极的思维方式，从而让自己的情绪慢慢稳定下来，使躁动的心灵重归平静。

思维03

好好对待身体，增加积极情绪

健康的精神寓于健康的身体

有一段时间，每到晚上我的脾气就特别大。晚上的我，就像一个打足了气的气球，一戳就破。

家里人对这一点心知肚明，一到晚上，大家都会变得小心翼翼，生怕不小心招惹到我。但是即使他们都小心翼翼，我有时候也还是会因为一些小事发脾气。发完脾气后，我心里又会感到后悔，于是不停反思，为什么白天我可以控制好情绪，到了晚上却不行了呢？

原来，在那段时间里，一到晚上，我的胃就会隐隐感觉有些不适，我的心情就很容易受到影响，这个时候脾气就容易变大。后来，我去医院做了全面的检查和治疗，吃了几个疗程的药，胃痛很快就消除了。从此，我就很少在晚上发脾气了。

教育学家约翰·洛克曾说："健康的精神寓于健康的身体。"一个人的身体状况和他的情绪状态是有着密切联系的。情绪会影响身体健康，与此同时，身体健康也会影响情绪。比如，我们很难见到一个体力充沛、精力旺盛、容光焕发的抑郁症患者。

明白了身体健康状况和情绪之间的这种密切关系后，我们在进行压力管理的过程中就多了一条思路——有时候，我们无法马上改变那些导致压力的具体事件，但是我们可以通过善待身体积极地改变情绪，让自己更加从容地面对压力。

前些日子，我在工作方面的压力有些大，晚上躺在床上准备睡觉时，脑袋里经常还盘旋着各种事情，很难马上入睡。后来，我尝试在睡前播放一些舒缓的音乐，还翻出了家里的香薰机，在睡前闻一些能够使精神镇静的味道。没想到，这些看起来不起眼却能讨好身体的做法对舒缓情绪竟有很大的帮助。

身体有时候就像一个孩子，如果你不好好对待它，它就会淘气，而这种淘气往往会以负面情绪的方式表现出来。那么，有哪些方法可以让我们对身体这个"孩子"进行系统性的关照，从而增加我们的积极情绪呢？下面，我就从三个方面和大家分享一下善待身体的方法。

练习正念

提起"正念"这个词，很多人都听说过，但是要想把这个词的含义说清楚，很多人都会皱眉头。那么，到底什么是正念呢？练习正念对我们的情绪有什么好处呢？下面我们来看看美国心理学家里克·汉森等人在《复原力》一书中所给出的答案："保持正念意味着停留在当下这一刻，每时每刻，既不是白日梦，也不是沉思或心烦意乱。对当下的察觉并不难，也许就是一次或两次呼吸之间，关键是要始终保持察觉。就像很多研究显示的那样，正念可以帮助我们减轻压力、保持健康，还有助于调节情绪。"①

刚刚学习心理学时，我有些排斥"正念"这种方法。因为我总觉得"正念"离我太过遥远——练习"正念"的时候，需要坐在一个地方一动不动，然后不停地调整呼吸等。这种练习，和那个时候活泼好动的我格格不入。后来，我发现那时的我还不理解"正念"的真正含义。

随着学习的深入，现在我对"正念"有了全新的认识：如果要用一个词来概括"正念"的含义，我觉得这个词很恰当——静享此刻；如果要用一句话来概括"正念"的含义，我觉得这句话很恰当——全神贯注地做好当下的事情。

一旦理解了"正念"的本质含义，我们就不难发现，在现实生活中练习"正念"并不难。

比如，当感觉压力很大的时候，我经常会去自己喜欢的小餐

---

①［美］里克·汉森，福里斯特·汉森.复原力[M].王毅，译.北京：中信出版社，2020：27.

馆，点一份自己最喜欢吃的番茄炒蛋盖浇饭，然后用很慢很慢的速度吃完这份饭。吃这顿饭的时候，我不会玩手机，而是静静地品味着饭菜，认真地咀嚼每一粒米，一口一口地喝完这份饭所配的汤。每当全神贯注地吃完这份饭的时候，我就感觉特别解压。

虽然很多在职场上打拼多年的人会对刚刚踏入职场不久的青年人提建议："千万不要独自用餐。"因为在单位吃午饭的时候，也是一个重要的社交机会，你只要好好把握，就可以和很多人建立关系、维系感情。

但是假如你感到心太累的时候，我建议你尝试一下独自用餐。这样你在吃饭的时候，就不必绞尽脑汁地去想"接下来我需要说什么样的话才不会让双方显得尴尬"，或者"我应该如何照顾对方的感受"等耗费脑力的问题。

当我们感到心累的时候，第一个需要讨好的就是我们自己。这个时候，认认真真去吃一顿饭，照顾好自己的胃，照顾好自己的感受很重要。

除了在吃饭的时候练习正念，我还会在上班的路上练习正念。换了新单位之后，从我家到单位之间的路程大大缩短，我通常都选择骑自行车上下班，单程不到20分钟的时间。开始的时候，在这将近20分钟的时间里，我会想东想西，一直到了单位后才会收心，然后走进教室去上课。后来，我开始利用这将近20分钟的时间练习正念。骑车的时候，我努力做到心无旁骛地骑车，认真地感受微风拂面，认真地感受自己的呼吸，或者认真感受双脚用力蹬车时的感觉。

每当我练习完这将近20分钟的正念，走进教室上课的时候，我就感觉自己的心情特别平静，上课的状态和感觉都很不错。

有一次，我受邀为大型展会的志愿者做减压培训。这些志愿者每天很辛苦，很晚才能回家，很多人因此感到身心疲惫。他们当中有人问我："老师，有没有简单易行的方法，可以帮助我们快速减压？"我和他们分享的方法就是，结合睡前活动进行正念练习。

一个人无论白天工作多辛苦，晚上多晚才能结束工作，在睡觉前都是需要洗漱的。这个时候，你就可以把正念和洗漱相结合：全神贯注地刷牙，全神贯注地洗脸。如果平常洗脸刷牙的时间就是两三分钟，那么可以把这个时间延长到八九分钟。你在刷牙的时候，努力做到不再胡思乱想，放空大脑，只感受牙刷和牙齿接触的感觉。同样地，在洗脸的时候，你要努力感受水和肌肤接触的感觉，或者感受用洗面奶按摩面部的感觉。只要10分钟左右的时间，你就很容易感受到精神放松了不少、压力减缓了很多。

好好睡觉

不知道你是否有类似的感觉：你在前一天睡得不好，第二天的精神和注意力就很容易受到影响，还很容易变得焦虑和愤怒。上述体会实际上是有依据的，因为睡眠的确会对我们的情绪产生重要的影响。

在哈佛商学院出版公司编写的《压力管理》一书中，作者明确指出，“压力过大会导致失眠，而睡眠不足则会加重你的压力水平。无论是哪种情况都会使你变得更加紧张、更加易怒、更加焦虑”。[①]

那么，究竟如何才能睡个好觉呢？作为一个生性敏感，同时曾经有过长时间失眠经历的人，在如何睡个好觉的问题方面，我积累了不少的经验。下面，我就结合睡眠指导类书上的一些观点，以及自己的切身体会，和大家分享一下促进良好睡眠的六个方法。

1. 养成良好的晚间睡前习惯

一旦养成良好的睡前习惯，我们就可以不断地复制自己在睡眠方面所积累的成功经验，从而使良好的睡眠持续不断地发生。那么，究竟什么是良好的睡前习惯呢？

虽然不同的人适合不同的睡前习惯，但是有一条总体的原则是共通的：不要在睡前做太令人感到兴奋的事情。例如，睡前打游戏、睡前进行剧烈的运动或者睡前思考复杂的问题等。

目前我所养成的睡前习惯就是，除非有紧急的事情需要回复，否则九点之后就不再盯着手机看了，然后我会读半个小时左右的书，和家人聊聊一天的工作。我每天只要在睡前能坚持这些习惯，很快就会感到一股睡意袭来。

---

①哈佛商学院出版公司.压力管理[M].王春颖，译.北京：商务印书馆，2011：78−79.

2. 努力做到每天早上在同一时间起床

不可否认的是，虽然我们可以通过努力养成一系列良好的睡前习惯，但是我们无法通过努力保证每天几乎在同一时间熄灯睡觉。尤其是在职场努力工作的打工人，晚上经常会有临时的工作需要处理。

比如，领导临时安排了一些工作任务，需要加班完成；或者孩子忽然变得很兴奋，吵着闹着就是不想睡觉，等等。面对这些突发情况，我们就会对“统一入睡时间”这个小目标变得无法掌控。

但是有一件事情，我们依然可以很好地掌控，那就是努力做到每天在同一时间起床。很多人喜欢在周末和节假日晚睡晚起，美其名曰：“为周一到周五睡眠不足的自己补个觉。”其实这样反而容易打乱睡眠规律，降低睡眠效率。

在《睡个好觉》一书中，作者汪瞻等人给出的建议是：“不管你晚上睡了多久，第二天都要在同一时间起床，而不要长时间清醒地躺在床上，从而降低了睡眠效率。”[①]

3. 睡觉前30分钟不要看电脑、玩手机

之前我有个不好的习惯，喜欢睡前玩会儿手机，犒劳一下自己。结果发现，玩手机时间一长，大脑就特别容易兴奋，从而出现“感觉身体很疲惫，但就是睡不着”的情况。

---

①汪瞻，欧阳萱.睡个好觉[M].北京：中信出版社，2021：207.

这背后的原因是："手机屏幕的光线很亮，会使人体生成的褪黑素减少大约22%。一旦褪黑素受到这种程度的抑制，人的生理周期就会受到影响，比如始终处于浅睡眠，或者睡眠时间大大减少。"①

当我在课堂上跟学生分享"睡前不要玩手机"这条心得体会的时候，有个学生马上反驳说："老师，我每天晚上睡前都玩手机，感觉玩累了之后也能睡着啊！"

实际上，即使这位同学觉得玩手机不影响睡眠，但他的睡眠质量也会受到影响。因为睡前长时间玩手机会让一个人始终处于浅睡眠的状态，或者睡眠的时间比之前大大减少。

4. 睡前不要吃太多东西

关于这一点建议，相信肠胃不太好的朋友一定有很深的体会。即使肠胃很好的人，睡前吃太多东西，也会对胃肠系统造成负担。一个人在感到胃肠道不舒服的时候，是无法安然入眠的。

读到这里，也许有人会说，那我睡前就是感觉很饿怎么办？在《睡个好觉》一书中，作者给出的建议是，可以摄入少量的碳水化合物，如饼干、面包片等零食。与此同时，香蕉也是不错的助眠食物。因为香蕉富含色氨酸，而色氨酸又是天然氨基酸的一种，可以促进大脑分泌"减缓神经活动，让人安定放松并引发睡意的神经传

①汪瞻，欧阳萱.睡个好觉[M].北京：中信出版社，2021：37.

导物质”。①

5. 养成运动的习惯，有助于促进睡眠

我每天都有吃完晚饭后散步的习惯，一方面是因为吃完晚饭后如果不动一动，就很容易觉得胃里面的食物难消化；另一方面，我发现，只要每天能够走够一万步，晚上的睡眠就会非常香甜。

我发现，不同的睡眠指导类书，几乎都会提到“运动有助于促进睡眠”的观点。我对这一观点的理解就是——当我们的脑力活动和体力活动保持在一个平衡状态的时候，就有助于促进睡眠。如果一个人整天想很多事情（脑力活动很多），但是很少去活动（体力活动很少），那么这种平衡就会被打破，他就很容易失眠。

关于这一点，我是有切身体会的。2009年，我几乎一整年的时间都是在断断续续的失眠中度过的。在那段时间里，我沉溺于思考各种各样的问题，这种思考有时会带有强迫的性质，很难靠意志力让这种强迫性思考马上停止。由于每天都沉浸在无边无际的思考中，所以我的大脑一方面感觉很累，一方面又处于一种高度激活的状态，晚上到了该睡觉的时候也没有睡意。那种感觉真是糟透了，直到现在我还记忆犹新。

在失眠的那段时间里，只有一件事情可以让我停止那种绵绵不绝的思考，那就是和同学一起打篮球。在打篮球的过程中，我的

---

①汪瞻，欧阳萱.睡个好觉[M].北京：中信出版社，2021：27.

注意力可以得到转移，运动带来的身体疲惫感也会促进睡眠。只可惜，那时的我对“运动可以促进睡眠”的观点还缺乏深度的理解，尤其是在心情低落的时候，很难提起兴趣或者鼓起勇气跑到球场去打篮球，错过了很多原本可以促进睡眠的机会。

值得一提的是，晚上睡前洗个热水澡，也会达到和有氧运动类似的效果。“睡前1.5～2小时来个热水浴有助于深度睡眠，能产生像有氧运动一样的积极睡眠效应。”①

6. 实在睡不着的时候，不妨起床做点有价值的事情

从心理学的角度分析，失眠有时候是我们身体的内在智慧对我们的一种提醒——我们的生活中还有很多问题没有得到妥善解决，或者未来即将发生的某件事情可能超出了我们的能力范畴。

面对这些悬而未决的事情，有时候最好的化解方法就是——直面问题、迎难而上。毕竟，对于任何一件事情，你躺在床上想再久，只要不动手去做，就很难发生一丝一毫的积极转变。

读博士研究生期间，虽然很累，但是我每天都过得很充实，所以很少出现晚上失眠的情况，只有一天晚上例外。那天晚上，我因为还没在学术期刊上发表论文而发愁，假如不能按时发表论文，就会影响博士学位的申请。恰恰在那天晚上，我想到了一个论文选题，但是不知道是否可行，所以躺在床上翻来覆去，怎么也睡不

①汪瞻，欧阳萱.睡个好觉[M].北京：中信出版社，2021：211.

着。我想，实在睡不着也不要强迫自己睡，不如起来列一个论文写作的计划。

后来，我起床开灯，花了大约一个小时的时间收集了一些资料，列了一个简单的写作大纲，更加确定这个选题方向是可以写的。心里踏实了，我再回到床上睡觉，很快就睡着了。

坚持运动

增加积极情绪的一个最快速、通用、经济的方法，恐怕非运动莫属了。回想每次在篮球场上和朋友们打篮球的时光，基本都是我情绪发泄最为彻底、心情最为舒畅、身体最为放松的时刻。

运动不仅能有效地增加积极情绪，也能有效地减缓消极情绪。相关研究发现，对于缓解焦虑情绪和抑郁情绪，运动都有很好的疗效。

首先，运动可以通过分散和转移一个人的注意力、缓解肌肉紧张等方式来帮助化解焦虑情绪。①

其次，运动还可以通过促进多巴胺、内啡肽等“快乐因子”的分泌，促使大脑提高自尊感等方式减少抑郁情绪。②而最让我感到印

① [美] 瑞迪，哈格曼.运动改造大脑[M].浦溶，译.杭州：浙江人民出版社，2013：98–99.

② [美] 瑞迪，哈格曼.运动改造大脑[M].浦溶，译.杭州：浙江人民出版社，2013：111.

象深刻的一项研究结论是："在治疗抑郁症方面，有氧运动竟然和抗抑郁药物具有同样的效果，并且其效果不亚于两者同时进行。"与此同时，和抗抑郁的药物相比，"运动比药物便宜多了，而且除了一开始出现的身体酸痛，通常不会有其他任何副作用"。①

多年前，我去澳大利亚进修的时候，曾被外国朋友特别注重运动的理念所震撼。每天，房东老太太都会坚持早起，和她的伙伴们一起去附近的山上坚持bushwalking（丛林徒步），等到她徒步一大圈回来之后，我才懒洋洋地从床上爬起来。这个时候，我能感觉到刚徒步回来的老太太整个人都是精神焕发、活力无限的。

我吃过早饭后，在去学校的路上，随处可见到骑山地自行车健身的人，以及围着植物园慢跑的人。在我迎面路过的时候，他们当中还有不少人会和我打招呼。有一段时间，我给来学校进行交换学习的德国留学生做班主任，发现他们对运动这件事情最为上心。他们一到学校，几乎都会问我同样的一类问题——学校的运动健身场所在哪里，健身房里的设施有哪些，附近是否有可以徒步的公园等。

读到这里，相信大家对运动为情绪带来的益处有了一定的了解。接下来我们所要面对的问题是，如何真正地让自己运动起来。为此，我专门请教了身边几位长期坚持运动的朋友，然后结合自己

① [美]索尼娅·柳博米尔斯基.幸福有方法[M].周芳芳，译.北京：中信出版社，2014：216.

的体悟和大家分享三条建议。

1. 从简单的活动开始，改善自己的心情

一提起运动，很多人就觉得这是一件非常麻烦的事情，因为它通常意味着需要换衣服、洗澡等。其实，如果只是想通过运动增加积极情绪，完全不需要那么复杂。毕竟，只要我们的身体一活动，大脑马上就会分泌多巴胺一类的“快乐因子”。

有时候，一些简单的活动，就可以让我们的心情变得舒畅，使脑力得到快速恢复和补充。比如，从座位上站起来伸个懒腰，在办公室里来回走动一下等。在家写这本书稿的时候，我会经常性地走出家门活动一下，在小区里散散步。这些简单的活动，都可以让我放松精神。

我身边还有些朋友，在了解了“站起来动一动”的好处后，还想出了更多的点子督促自己多动动。一位同事的方法是，每天坚持多喝水，这样就会增加去洗手间的次数，如此一来不仅可以补足身体的水分，还可以创造更多的机会活动一下；一位朋友的方法是，每次在接电话的时候都会站起身来，来回走动着接听，这样就可以顺便增加活动量；还有一位兄弟，虽然上班的地方离家很近，但是如果遇到心情低落的时候，他就会选择先去离家不远的公园走一大圈，等心情平复之后，再带着一脸微笑踏入家门。

人都是有惰性和惯性的，只要事情一多，很多人就会养成久坐不动的坏习惯，任由工作的压力把自己慢慢侵蚀——专注力越来越

差，心情越来越糟糕。有的人，实在感觉太累的时候，会习惯性地掏出手机，把玩会儿手机作为放松的方式。其实，此时的最佳休息方式，就是站起来活动一下——这才属于积极的休息。否则我们的大脑会更加疲惫，精神和情绪总是无法得到真正的放松。

2. 把握好运动的度，过犹不及

我是那种一上篮球场就冲得很猛的人，所以我的体力消耗得很快，很容易运动过度。有时候，我感觉自己的体力消耗到上限了，还会硬撑着再多打一会儿。这样导致的结果就是，即使休息了一晚上，依然使体力得不到很好的恢复，接下来的几天我都会感觉腰酸背痛，缓不过劲儿来。

而最好的运动状态，要控制在“过度”和“不及”之间。后来，我慢慢把握好了这个度，基本上运动一个小时后就停止。因为经过反复试探，这种运动强度恰好可以保证我在晚上睡好觉的同时，第二天又不至于感觉太累。我在找到适合自己的体能边界之后，就要温柔又坚定地维护好这个边界。

此时，不管哪位球友上前劝说让我再多打一会儿，我都会微笑着拒绝。因为我明白自己打球的目的就是锻炼身体、焕发精神，其他目的都得为这个目的服务。

3. 坚持的源动力是兴趣，筛选出自己喜欢的运动项目

我的好朋友蓝雪，是一位运动达人，他长年累月地坚持运动，总是一副活力满满的样子。有一次，我向他请教，他是如何做到长期坚持运动的。他非常认真地和我分享了他的一套运动哲学："我始终把运动当作目的本身去享受和体验，而不是把运动当作达成某项目标的工具或手段（例如减肥、塑形、增肌等，当然一开始大部分人或多或少都是带着这样的目的进行运动的）。把运动当目的，可以让我一直享受运动本身带来的乐趣，它成了我日常生活的一个重要组成部分，我不会因为达成某个其他目标而放弃运动。"

我觉得他说的话很有道理。任何事情，坚持的源动力都来自兴趣。离开了兴趣，你可以强迫自己坚持一段时间，但是很难长久地坚持下去。运动也是同样的道理。所以，我们如果想养成坚持运动的习惯，最好从自己的兴趣出发，选择自己喜欢的运动项目并坚持下去。

比如，有的人喜欢玩团体运动项目，如篮球、足球、羽毛球等，有的人则钟情于一个人的运动，如游泳、慢跑或散步等。无论哪种运动项目，只要你发现自己在运动过程中能频繁地产生心流体验（一种全神贯注、身心合一、深深地沉浸其中的快乐体验），那或许就是内在智慧在提醒你，这项运动值得你长期坚持。

祝你运动快乐！

思维04

找到压力来源，进行系统应对

让你情绪低落的真正原因是什么

2021年，虽然有很多不舍，但是我依然下定决心，从工作了十年的单位离职了。

那是我奋斗过十年的地方，留下了太多美好的回忆，单位的领导和同事都对我非常关心和照顾。这份沉甸甸的情谊我很难说放就放。

既然原先单位还不错，为什么我还要选择离职呢？答案其实很简单，就是我个人方面出现了一些问题——我发现自己过得越来越不开心了。我也曾做过很多的努力和调整，试着让自己变得更加开心一些，但是很遗憾，这些努力和调整收效甚微。

后来，我慢慢发现，如果不找出导致自己情绪持续低落的真正原因，那么永远都没有办法从根本上解决问题。

这就涉及压力管理中的一个重要术语——压力源。我们可以将压力源理解为“导致我们心情低落或者感到无助的根本原因”。那么，导致我情绪低落的压力源是什么呢?

经过一番分析，我发现自己有两个主要的压力源：

第一个压力源是来自身体方面的疲惫。由于家离单位很远，每天上班和下班单程就要花费将近两个小时的时间。这对于一个人的体力和精力来说，都是一个极大的考验。

第二个压力源是来自工作方面的职业倦怠感。之前我的工作内容以行政事务为主，时间久了，留给我发挥个人优势的空间越来越有限，工作压力日益增大。我是一个特别留恋三尺讲台的人，每次站到讲台上，就感觉浑身有使不完的劲儿。尤其是拿到博士学位后，我这种“想要在某一领域进行较为深入的研究，同时每天都有更多时间给学生上课”的冲动变得更加强烈了。

在明确了自己的压力源后，我首先做出的改变就是——积极调整自己的心态，看看能不能在不离开原先工作岗位的前提下努力适应工作。

比如，我尝试不必每天都回家，而是一周有几天时间住在学校的教师公寓，这样可以在一定程度上缓解每天路上来回奔波的疲惫。可是，住在学校的日子，我又很惦记家庭的温暖。尤其是晚上和儿子视频通话的时候，只要儿子说一句“爸爸，你今晚怎么又不回来陪我玩了”，我就恨不得马上飞回家。

同时，我尝试把工作中的压力看作激发自身潜力的动力，努力提高工作效率，心想这样就可以挤出更多的时间用来看书、学习、备课，然后充分利用晚上的时间给学生讲课。可是，人的精力毕竟是有限的，虽然经过不断地摸索和学习，我已经养成了一套高效做事的习惯，但是出于种种原因，我依然无法抽出更多的时间给学生上课，也没有时间和学生进行更加充分的交流。

经过上述一番探索后，我发现，除非鼓起勇气辞掉工作，找一份专职教师的工作，否则我很难战胜积累已久的职业倦怠感。毕竟，我已经花了将近十年的时间调整自己的心态，能尝试的方法我已经尝试得差不多了。我如果不从根本上解决问题，就很容易让问题发展得越来越严重。

下定决心辞职后，我列出了下一份工作必须要满足的两个条件：第一，离家近一点，可以有机会让自己的身体好好休息；第二，做一名以讲课为主的专职教师，可以让自己的优势得到充分发挥。

一个人一旦明确了自己想要的是什么，身边的很多资源就会悄悄向其靠近。后来，我顺利地通过了另外一所高校的面试，找到了一份离家不远又允许我专心教课的工作。

虽然我做出离职这个决定并不容易，但是机会来临的时候也容不得我有太多的犹豫，因为我内心十分清楚一件事情——作为一名以传播幸福知识为己任的老师，如果自己都无法鼓起勇气去追求幸福，那么将来怎么说服和推动别人去追求幸福？

在键盘上敲下上述这段文字的时候，我已经入职新单位有半年多的时间。虽然离开了熟悉的人脉圈子，但到了一个全新的单位开始工作，也面临着重新适应的问题——比如熟悉新工作、熟悉新同事等。但是，毕竟那些真正困扰我的压力源因为换了工作都已不再继续困扰我了，剩下的那些适应新环境等方面的问题，时间会慢慢酝酿出答案，我并不担心。

现在的我，不需要在上班通勤路上花费太多时间，所以有了更多时间用来读书和写作。此外，每次想到第二天就要到学校给学生讲课时，我整个人都感觉心情舒畅，对未来充满了期待。总之，我整个人的状态焕然一新。

或许你也会在人生中的某个时刻放下手中的事情，坐在自己的座位上，情不自禁地感叹一句："心好累呀，压力好大啊！"可是，如果对于这些压力究竟来自哪里一无所知，你就很难找到真正有效的对策。

然而，我们要想停止各种突如其来的莫名烦躁和持续的心情低落，就要做到对症下药，首先明确自己的压力源。

三类常见的压力源以及两类压力应对策略

我们可以将生活和工作中的压力源分为三大类，分别为关系压力源、身体压力源以及工作和金钱方面的压力源。[①]我们可以对照以下三类压力源所包含的具体内容，进行一个简单的自我评估，看看自己目前在哪些方面存在问题，再有针对性地应对和处理。

---

①英国DK出版社.压力心理学[M].安林红，秦广萍，译.北京：电子工业出版社，2019：25.

第一类：关系压力源。主要包括婚姻关系、亲子关系、朋友关系、同事关系、和父母之间的关系等方面的内容。比如，小王很喜欢自己的工作内容，却被迫从公司离职，只因为她和自己的领导、同事不能很好地相处。她每天都需要花大量的精力用来应付人际关系方面的问题，不堪重负。

第二类：身体压力源。主要包括身体有慢性疾病、刚刚生病或者住院治疗、有睡眠困难、有心理方面的困扰、对自己的体重不满意、酒精成瘾等方面的内容。比如，我的一个学生特别在意自己的体重，所以在饮食方面节制得很厉害。对于她来说，大部分的开心和不开心都来源于自己体重的变化。

第三类：工作和金钱压力源。主要包括工作的要求超出了自己的能力、人职不匹配、失业的风险、晋升困难、难以应对各项家庭开支等方面的内容。比如，小丽在生活中是一个活泼开朗的人，可是每次上班的时候都愁眉苦脸，因为在工作中她经常会有一种不胜任感。她学的文科专业，现在却被调到了一个整天要和数据打交道的部门。

在明确了压力源后，我们就需要考虑如何积极应对问题。总的来说，心理学上将压力应对策略分为两大类，即“以问题为中心”的压力应对策略和“以情绪为中心”的压力应对策略。①

所谓“以问题为中心”的压力应对策略，主张采取有效的措施

①英国DK出版社.压力心理学[M].安林红，秦广萍，译.北京：电子工业出版社，2019：26-27.

和积极的行动，处理和应对那些导致压力产生的具体问题。而“以情绪为中心”的压力应对策略，主张通过改变自己看待问题的认知方式，尽可能降低对压力情境所产生的过激反应。

我们在现实处境很难得到改变的时候，应当首先考虑“以情绪为中心”的压力应对策略。

比如，领导否决了小A辛辛苦苦花了两个星期做出来的一个活动策划案，还批评小A观念陈旧、缺乏创意，这让小A感觉很受挫。面对此类工作上的“打击”，小A就可以考虑采用“以情绪为中心”的压力应对策略。比如，小A可以不必把领导的批评看作对自身能力的彻底否定，进而萌生出“反正我在这家公司混不下去了”的想法，最终采取以“破罐子破摔”的心态做事情。其实，小A可以尝试把领导的批评看作对自己的一种鞭策。毕竟，隐藏在领导批评话语背后的，可能是领导的良苦用心——也许领导希望小A成长得更快一点。

小A如果能够采用相对积极的心态和视角看待领导的批评，就不会因为领导的一句批评黯然神伤太久，从而更快地从负面情绪中走出来，全身心地投入工作。

我们在现实处境可以得到改变并且时机合适的时候，应当考虑运用“以问题为中心”的压力应对策略。

比如，小B接到了领导临时交代的一项写作任务——起草部门的年度发展规划，感觉压力很大。对于他来说，这个时候所能采取的最佳应对方式，就是马上去处理导致压力产生的现实问题（以问题为中心的压力应对策略）——收集资料，撰写写作大纲，尽快动笔去写材料。一旦完成这项写作任务，小B的压力就会消失。如果此时小B采取的是“以情绪为中心”的应对策略——虽然他从积极的视角看待这个突如其来的任务，但只是不断告诉自己“我能行”，就很难起到特别好的效果。

下面我们来看看，如何在现实生活中有效地运用这两大类压力应对策略。

以情绪为中心的压力应对策略

实际上，我们可以把“以情绪为中心”的压力应对策略概括为以下三点：无条件地接纳自我、无条件地接纳他人、无条件地接纳生活。

这三点不是我随口说的，而是美国著名的心理学家、理性情绪行为疗法之父阿尔伯特·埃利斯的真知灼见。他认为，理性情绪行为疗法有三大基本哲学观，就是无条件地接纳自我、无条件地接纳他人、无条件地接纳生活。[①]当我们面对一些很难改变的压力情境的时候，这三点对我们改变自己的认知，有效调控自己的情绪，将会有很大的好处。

---

①［美］阿尔伯特·埃利斯.理性情绪[M].李巍，张丽，译.北京：机械工业出版社，2014：前言12.

1. 无条件地接纳自我

很多人的焦虑，都是由于不能接纳自我造成的。例如，我的一个学生小娜刚刚迈入职场，工作很努力，但是最近在工作上犯了一个小错误——在整理会议记录的时候，她把一个部门领导的名字打错了一个字。

发现这个错误之后，小娜感到非常焦虑，马上跑去和领导道歉。领导回复说："没事，下次注意就行。"但即使是这样，小娜也不能原谅自己。在接下来的两天时间里，她始终对这件事情耿耿于怀，不停地责怪自己——为什么没有多检查几遍再提交材料。

根据我对小娜的了解，她不是那种粗心的人。她之所以会犯错误，很可能和她在那段时间工作特别忙碌有关。其实，很多人都可能会忙中出错，小娜完全可以放过自己，全身心投入接下来的工作中。

然而，她是一个不能做到接纳自我的人。她总是觉得，只有当自己表现完美的时候，才是有价值的。否则，自己就会显得很没用。因此，所有的事情，她都想做到尽善尽美，不允许自己犯错误。与之相随的，就是源源不断的压力感和焦虑感。

对于小娜来说，她要学会接纳自我。她需要不断告诉自己："即使没那么拼命努力，即使偶尔犯一点小的错误，我也是有价值的，我也值得被尊重和被关爱。"我对小娜说，这句话，如果重复一百遍还没有效果，那就重复一千遍。

当我们对自己的体形、容貌等先天条件不满意的时候，我们

就可以尝试在大脑中不断地重复这句话：“我需要无条件地接纳自我，因为酸酸甜甜就是我。”

2. 无条件地接纳他人

这一点，特别适用于处理关系类的压力源。

曾有一段时间，为了配合疫情防控，学校要求学生每日坚持通过网上的一个系统报告自己的健康状况。系统操作流程并不麻烦，学生扫码进入，20秒之内肯定能填写好。

当时我带了183名学生，要确保这些同学在每天上午10点前完成健康情况报告。可有些同学总是忘记上报。

有一个同学，在他忘记完成报告的时候，我给他发信息也不回，打电话也不接，真是让人着急。最后没有办法，我只能打电话给他家长，让家长提醒学生。没想到接到家长的电话后，学生非常不耐烦地给我打电话：“好的，知道了，刚才我已经填过了！”

我这边还想多叮嘱两句，而对方已经挂断电话。于是，我又编辑了一段长长的信息发过去，希望学生能够明白学校的良苦用心。可学生没有任何的回复。这个时候，我感到有些焦虑，心想这个学生为什么会这么讨厌老师。

后来，通过和另外一位老师聊天，我才知道，这个学生从小很少得到父母的关爱，他对所有人都很冷漠。从心理学的角度分析，冷漠是一种防御机制，其潜台词是，“我害怕再次受到伤害”。了解了这些信息之后，我瞬间就不生气了，反而觉得这个学生很可怜，需要被好好关心。

在生活中，我们经常会遇到一些所谓的“奇葩”，然后发出“这个人怎么能这样做”的感慨。其实，我们之所以会觉得某个人是奇葩，真正的原因往往是我们并不了解“他”。那些脾气火暴的人、态度冷漠的人、自私自利的人，除了有少许的遗传因素，很多人都是因为缺少关爱或者受到过打击才形成了现在的性格。

你一旦了解了一个人的成长经历，就不会觉得他的行为“难以理解”了。所谓接纳他人，实际上就是要承认每个个体都是不一样的——我们来自不同的成长环境，行为处事方式自然大不相同。我们不能苛求别人总是按照我们的意愿或想法行事，我们能做的是尽量理解、接纳他人。

3. 无条件地接纳生活

你如果很容易因为工作或生活中遇到的难题而抱怨不断，那么你特别适合经常在心中默念这句话：“我要尝试无条件地接纳生活。”

最近有一个朋友和我在网上聊天。朋友说，他这几天在家办公，各种新的突发状况不断，一件事情刚刚做完，下一件事情又来了，感觉比平时上班累多了。有时候，他好不容易闲下来，可以稍微放松一下了，马上又担心是否会有新的问题冒出来。

每次遇到新的问题，他的一句口头禅就是：“我的天，怎么会有这么多事情，还让不让人过了！？”对于这个朋友来说，他之所以经常会为工作上的新问题感觉焦虑不已，是因为他一直持有这样一种观点："工作和生活应该是顺顺利利的，否则我就要生气。"

这就是不接纳生活的一种表现。人生苦难重重，只要活着，每天就会有不同的问题出现。而我们能做的，就是无条件地接纳生活。具体来说，就是接受不能改变的，改变可以改变的。

难，是生活和工作的常态。一个人，只有勇敢地接纳生活中的各种难题，不轻易被难题吓倒，才不会产生那么多的焦虑和恐慌情绪，从而更加从容地面对各种压力。

以问题为中心的压力应对策略

在了解完"以情绪为中心"的压力应对策略后，我们再来了解一下"以问题为中心"的压力应对策略。

我们也可以把"以问题为中心"的压力应对策略概括为三点：收集有助于解决问题的资源、鼓起勇气做出改变、用小的改变撬动大的改变。那我们如何在日常工作和生活中去运用这三点呢？

1. 收集有助于解决问题的资源

俗话说，磨刀不误砍柴工。解决问题之前，我们应当先尽可能多地去收集一些有助于解决问题的资源，这样才能取得"事半功倍"的效果。那么，有哪些常见的资源可供我们借助呢？

首先，读书。每次在遇到一本心理学方面的好书的时候，我就会忍不住发出这样一句感叹，如果能早点儿读到这本书，就不用一个人苦苦思索这么长时间了，可以少走很多弯路！书籍是我们在解决问题之前可以借助的一个重要资源，因为里面包含了很多前人的智慧。在生活中遇到某个问题的时候，我们可以尝试问自己："我是否可以尝试通过读某一本书来解决这个问题？"比如，我们总是感觉自己的时间不够用的时候，可以尝试去读时间管理方面的图书；我们总是为如何理财而感到困惑的时候，可以尝试去读几本理财方面的书。要知道，烦恼太多的人，往往都具备一个共同的特征，他们喜欢闭门造车，总是读书太少、想得太多。

其次，向有经验的人请教。你加入一个新的部门，接到一项新的任务，遇到一个新的问题，都应该考虑向有经验的人去请教。及时向别人请教的人，可以积极借鉴别人的经验，少走很多弯路。你在向别人请教的时候，不用害怕被别人拒绝。只要你态度真诚又谦虚，大部分人都有乐于助人的倾向，因为每个人都希望展现自己成熟、专业的一面，在指点别人的过程中获得价值感和存在感。

最后，尝试付费咨询或培训。有的行业精英，普通人难以接近，但是这些行业精英往往拥有常人难以企及的资源和智慧。这个时候，我们可以尝试通过付费的方式去接近这些行业精英。要知道，付费是对他人时间和价值的一种尊重。比如，对职业生涯感到迷茫的时候，我就在网上找到了一位职场专家，付费进行了咨询，他很快就帮我理清了个人发展的思路。再比如，我们也可以参加行业精英组织的培训班，从而有机会近距离地接触他们，然后通过积极提问或者在培训班上努力表现自己等方式，获得行业精英的一对一指导。

2. 鼓起勇气做出改变

很多人在生活或工作中遇到难题后，常常深陷消极情绪中不能自拔，归根结底是缺乏改变的勇气。

比如，在我拿到博士学位后，有一些年轻的同事过来向我请教报考及攻读博士研究生的相关问题。在了解了考博及读博会遇到的一系列难题后，很多人打起了退堂鼓，因为他们缺少足够的勇气做出改变。然而，无法鼓起改变的勇气，就只能在自己不喜欢的岗位上待更长时间，持续地感受着源源不断的慢性压力。

再比如，一位朋友曾向我询问关于换工作方面的问题。他在高校从事行政工作，觉得目前的岗位无法充分发挥他的潜力，而他更想成为一名高校英语老师，于是他托我帮他留意。有一次，我得知一所高校正在招聘英语老师，于是赶忙把招聘消息转发给他。但是他有些犹豫地对我说，这所高校不是事业单位，没有编制，他担心不太稳定，所以他想再考虑考虑。现在一年时间过去了，我发现他的朋友圈依然在发一些消极的动态，替他感到惋惜。有时候，我们考虑得太多、什么都想要，是很难鼓起勇气做出改变的。

生活中的很多难题，都需要我们鼓起勇气才能去攻克。时机到来的时候，过分犹豫，只会让我们错过更多的机遇，然后停留在原地，垂头丧气。

3. 用小的改变撬动大的改变

正如《道德经》所云："天下难事，必作于易。天下大事，必作于细。"其实，无论多么难做的事情，都可以被拆解成一件一件相对容易做的事情。

比如，发表一篇论文很难，但是可以把发表一篇论文拆解成收集相应的参考文献、阅读文献找灵感、列出论文写作大纲、每天完成一部分写作内容、初稿完成之后找高手提修改意见、修改稿子、投稿、和编辑沟通等一些相对容易的环节。

我们解决问题时所持有的自信心，有时候就像一个"零存整取"的存钱罐，每当完成一个小的任务，我们的自信心就会提升一点。我们完成的小任务越多，我们的自信心就会变得越强大。

克服畏难心理的最佳方式，就是从做出小的改变开始，然后用小的改变不断撬动大的改变。也许我们没有办法一下子完成某个艰巨的任务，但是我们可以选择每天完成一点点，然后随着时间的推移，逐渐完成一个看似不可完成的艰巨任务。

总之，遇到难题的时候，你别想太多，马上去做吧。

思维05

养成制定目标的习惯，让自己变得更加专注

有目标，才会全身心投入

写这篇文章的时候，正值学校放暑假。每天吃完早饭后，我都会坐在书桌前，按时完成自己制定的每天2000字的写作任务。

朋友曾问我，假期不应该好好休息放松一下吗？每天坚持写作不累吗？

说实话，写作没灵感的时候或者对自己写的东西不满意的时候，我会感觉心累。但是在大多数时间里，我感觉自己在全身心投入地做一件事，经常会产生心流体验。从表面上看，完成当天的写作目标是一种压力，但正是在这种适度的压力下，我的潜力得到了更加充分的发挥——我写作时变得更加心无旁骛、全神贯注、一心一意。正因为有这个写作目标的存在，我感觉自己的假期过得充实

又有意义。

很多人都容易心存错误的假设，认为设置目标会束缚我们，会让我们变得不自由。然而事实并非如此。正如泰勒·本-沙哈尔在《幸福的方法》一书中所说：“目标的作用是为了帮助我们解放自我，这样我们才能享受眼前的一切。如果我们盲目地踏上任何旅途，那过程本身肯定不会有什么乐趣……那样我们将无法享受旅途本身和风景等美好的事物，只会被犹豫和迷惑所吞噬——我这么走可以吗？我在这里转弯会走到哪里去？所以，只有当我们确认目标之后，我们才能把注意力放在旅途本身上。”[①]

很多人都渴望假期的到来，但是等到假期真的到来，又会觉得非常乏味。因为不少人都缺少制定目标的习惯，当假期到来的时候，无非就是晚起一会儿，然后随心所欲地躺在床上刷刷手机，任由时间就这样慢慢地过去。这种漫无目的的生活方式，很容易让人感到精神上的空虚。

一个人一旦学会主动给自己制定目标，即使是一个休闲的目标，他也很快就会变得更加投入起来。比如，如果周六的早上你定好了一个“和朋友一起去爬山”的目标，那么周六你就不会漫无目的地赖床，而是兴致勃勃地选择早起，然后去尽情享受爬山的乐趣。

---

①［美］泰勒·本-沙哈尔.幸福的方法[M].汪冰，刘骏杰，译.北京：中信出版社，2013：66-67.

工作的时候，给自己制定明确的目标同样重要，因为这是让我们更加投入地工作、提升工作效率的一个重要前提。如果你是一位职场人士，不妨仔细观察和采访一下那些每天都全情投入工作中，一直努力工作的人，他们往往都有明确的奋斗目标。

而那些一进办公室就总想着先和别人聊会儿天，没事这边晃晃那边晃晃的人，往往都是缺乏明确目标的人。从表面上看，他们好像偷了懒，减少了一些工作上的压力，但实际上他们丢掉了更加重要的东西——他们不曾为工作拼尽全力，永远无法享受到那种心旷神怡的、全身心投入工作中的乐趣。

在做心理咨询的过程中，我有一个很深的感受，那就是咨询目标对于咨询师和来访者积极投入咨询过程具有非常大的作用。如果缺少一个明确的咨询目标，咨询过程就会缺乏实效。一旦咨询师和来访者共同确定好咨询目标之后，来访者往往会显得更加积极，朝着设置好的目标做出努力。对于咨询师来说，一旦确定好目标之后，也会变得更加专注地推动着来访者朝着设置好的咨询目标不断迈进。①

总之，我们只有养成制定目标的习惯，才能跟随目标不断向前，在工作和生活中变得更加投入，才有机会享受专注的快乐。如果生活中缺少目标，我们就很容易活得浑浑噩噩，精神颓废、毫无生机。

---

①江光荣.心理咨询的理论与实务[M].2版.北京：高等教育出版社，2012：69.

制定目标的四项原则，让生活始终保持充实感

虽然上文中列举了制定目标的一大堆好处，但制定一个好的目标并不容易。我曾听学生跟我说，她的新年目标就是“活出更加精彩的自己”。这个目标，听起来很励志，事实上却是一个很糟糕的目标——因为这个目标太空了、不明确，最终很难转化成改变现实的积极行动。

那么，究竟什么样的目标才能算作一个好目标呢？下面，我和大家分享一下制定目标的四项原则。

1. 根据长期目标确立短期目标

当看不到未来的时候，我们就很容易把握不好现在。我们在不知道该确立一个什么样的短期目标的时候，往往是因为缺乏一个清晰的长期奋斗目标。我们可以环顾一下四周，很容易发现那些整天活得浑浑噩噩的人，往往是对未来感到十分迷茫的人。所以，我们只有先确立长期奋斗目标，才能更加明确当下应该完成哪些短期目标。

写这篇文章的时候，正好是星期一。这个星期，我至少要完成10000字的写作任务。之所以要完成这样一个短期目标（周目标），是因为我有一个长期奋斗目标——我想成为一名畅销书作者。所以，每当我端坐在电脑前，克服自己的惰性，噼里啪啦地在电脑上敲出一行又一行字，努力完成当日或者本周的写作任务的时候，背

后都有一个重要的动力源——我感觉自己正在朝着“成为畅销书作者”这个长期目标迈进。

当然，在“成为畅销书作者”的长期目标背后，还隐藏着一个更加宏大的目标，那就是成为一名传播幸福知识的优秀作者，通过自己的努力让这个世界变得更加美好。

读到这里，也许有人会说：“可我就是不知道自己的长期目标是什么，该怎么办？”2005年，苹果公司的CEO（首席执行官）乔布斯在斯坦福大学的演讲中曾经给出过一个答案——“Keep looking，don't settle”（继续寻找，不要停歇）。其实，一个问题只要被明确地提出来，我们就已朝着解决这个问题迈出了坚实的一步。

接下来，我们可以通过多探索、多试错、多读书、多向有经验的人请教等方式，让自己的长期奋斗目标越来越清晰。我自己也是在做过英语培训教师、行政管理、实习教务、兼职销售、幸福课老师，以及有过短暂的创业经历之后，才确立了自己的长期奋斗目标的。

2. 学会制定明确又具体的目标

模糊的目标，往往没有任何激励作用。比如，“今后我要多读书、多运动、对自己好一点”，这一类目标就属于非常模糊的目标，在口中说说很容易，但是很难在现实中落实。

我曾不止一次听到身边的某位朋友对我说：“沉下心来读书真

的太重要了，但就是抽不出时间来读书啊。”如果是比较要好的朋友对我这样说，并且他真的想要得到一些具体的建议，我就会告诉他：“要想让目标得到更好的执行，你就一定要学会制定明确又具体的目标。”

还是以读书为例。如果把“今后我要多读一点书”这个模糊的目标转化为“在接下来的一年中，我每周至少要阅读一本书”这样一个明确又具体的目标，那么读书的目标就更容易实现。

我们还可以再进一步，将上述这个目标变得更加明确和具体。比如，一周读一本书，那么一年差不多就能读50本书，为了更好地达成这个目标，我们可以提前列好一个清单，把我们要阅读的书目写下来，这样就可以避免出现“因为某一周不知道该读什么书而放弃原本的读书计划”的情况。

总之，目标越是明确具体，美好的想法越是能有效落地。

3. 将制定目标变成一种习惯

习惯一旦养成，就可以将复杂的事情变得简单。所以，我们最好将制定目标变成一种习惯，做到每年都有年目标、每月都有月目标、每周都有周目标、每天都有日目标。

也许有些人会在内心深处抵触制定这么多目标的想法，他们觉得这样的生活一点都不潇洒、一点都不随性、一点都不自在，觉得制定目标就是对自己的一种束缚。这种想法是非常片面的。我们之所以要持续不断地去制定目标，并不是为了束缚自己，而是为了解放自己。

因为我们一旦制定了一个接一个的目标，我们的内心就会变得更加笃定，我们就不会浪费太多时间用来迷茫和彷徨，去四处寻找安慰。

正如泰勒·本-沙哈尔在《幸福的方法》一书中所说：“不为自己设定明确的目标，我们就会很容易被外界所影响，转而追求那些很难达到自我和谐状态的目标。我们总是面临两个选择，被动地受外来因素的影响，或是主动地去创造属于我们自己的生活。”①

总之，一时制定目标一时爽，如果养成制定目标的习惯，那么等待你的，将是一直制定目标一直爽。

4. 休闲娱乐的时候，也要制定目标

很多人都有一个错误的观念，认为制定目标的目的只是把那些看起来紧急重要的事情做完，而放松休息的时候则可以随心所欲，不需要制定目标。其实，休闲娱乐的时候，也需要制定目标。如果不制定目标，只是随心所欲地玩，我们就无法玩得尽兴，身心就无法得到彻底的调整和放松，最终导致我们休息后无法全情投入工作。

我认识一位培训师，她每天都会玩一个半小时的电脑游戏，这

---

①［美］泰勒·本-沙哈尔.幸福的方法[M].汪冰，刘骏杰，译.北京：中信出版社，2013：75.

是她雷打不动的娱乐方式。看到这里，也许你会觉得她是一个不务正业的人，事实上，她是一个很自律的人，她的课也一直很受学员欢迎。她对我说："如果不主动给自己安排休闲娱乐的时间，一直坐在桌子前备课，我就很容易感觉生活很无趣，没有什么奋斗的动力了。所以，一定要记得给自己安排放松和娱乐的时间，这样可以很好地激励自己。"

她想要偷懒的时候，就会在心里告诉自己："再忍一忍，因为晚上就可以奖励自己痛痛快快地玩一会儿游戏了。"而且，她每次最多就玩一个半小时的游戏，绝对不超时。正是因为"每天尽情玩一会儿电脑游戏"这样一个休闲娱乐的目标立在那里，激励着她每天都会先朝着工作上的目标全力冲刺，下班后再去好好放松自己。

有的人总是觉得娱乐休闲太浪费时间，所以从来不会安排任何时间用来休闲或娱乐。然而，这样做的结果是弊大于利的。

因为我们的大脑在感觉疲惫的时候，会特别渴望得到放松和休息。如果此时我们不主动去休息，那么大脑很快就会以它特有的方式发出抗议——我们会频繁地分神、漫无目的地玩手机、不断地降低工作效率，反而浪费了更多的宝贵时间。

在读博那段最苦的日子里，我也没有放弃为娱乐和休闲制定目标。那段时间，我的主要娱乐和休闲方式是在电脑上看电影。有时候，时间太紧，晚上没有那么多时间看完一部电影，我就把一部电影分成两天去看。那个时候，我最喜欢看的就是励志片。这样一来，不仅娱乐了身心，还会受到电影里主人公的激励，从而督促自己朝着既定的目标不断迈进。

为了更好地制定休闲和娱乐的目标，我们还可以不断地去丰富自己的玩乐清单，这样我们就可以把自己的休闲时间安排得更加丰富多彩。比如，我的娱乐清单包括看电影、读小说、打篮球、看篮球比赛、徒步等。有了这份娱乐清单，我就可以根据实际情况每次挑出其中几种作为休闲娱乐目标。

制定目标不要贪多求全，可遵循删繁就简的“331法则”

野心太大，就如同奋力用手去抓沙——力气越大，沙子流失得越快，最后却两手空空。如果能够适当地克制自己的欲望，一次不给自己设定太多的目标，反而更加容易品尝到目标达成的喜悦。

有时候，慢慢来，反而会比较快。

在实践中，我总结出了一个删繁就简的“331法则”，用来促进目标更好地达成。这项法则主要是指，一年不要给自己制定三个以上的主要目标，每天都记得给自己列出三件最重要的事，以及一次只专注地做好一件事。

这个法则，可以帮助我们学会断舍离，将注意力始终聚焦在重要的事情上，同时在做事的过程中能够保持专注力，不断提升做事的效率。

1.一年不要超过三个主要目标

每年年初，我都会给自己列出一年的目标和计划。但是刚开始的时候，我总是野心勃勃、贪多求全，经常给自己列出很多年目标。但是等到一年快要结束的时候，却发现自己有好几个目标都无法达成。这样一来，我就会有一种“感觉自己明明很努力，但是结果却很让人泄气”的挫败感。

事实上，我们往往容易高估自己在一年时间内所能完成的事情，却很容易低估自己在十年时间中所能完成的事情。因此，我们在制定年目标的时候千万不要太心急，要学会取舍。因为什么都想要的结果，往往就是什么都得不到。

仔细想想看，一个人在一年内能完成三个重要的目标就已经非常了不起了。比如，我今年如果能高质量地完成一本书稿，同时打磨好一两堂精品课，又能在核心期刊上发表一篇文章，就已经非常不错了。我如果一年只围绕着这三个目标去努力，那么这几个目标达成的概率将会大大提升。

反思之前的经历，之所以总会出现制定好的年目标没有完成的情况，往往都是因为我贪多求全。所以，我们在制定年目标的时候，一定要学会取舍，一年最好不要超过三个主要目标，否则我们就很容易分不清主次、把握不住重点。

2.每天都列出三件最重要的事情

无论多么伟大和令人振奋的长期目标，最终都需要落实到每一天的时间里，然后逐个去完成。我们要想在每一天都充满活力，拥有很强的执行力，从早上睁开眼睛的那一刻起，就需要清楚一个问题：“对于我来说，今天最重要的三件事情是什么？”

如果明确了一天中最重要的三件事情，我们就不会把大量的时间和精力浪费在那些不重要的事情上。我们需要牢记下面这个道理——如果每天都去做一些不重要的事情，我们就可能会成为一个不重要的人；如果每天都能去做一些十分重要的事情，我们就可能会成为一个十分重要的人。

我们在列出最重要的事情之后，接下来一定要记得每次都从最重要的事情做起，这也是管理学中经常强调的“要事第一”的理念。

因为最重要的事情，往往占用的心理空间最大，如果我们能够最先完成最重要的事情，相当于把压在心底最大的一块石头搬走了，我们整个人就会感觉轻松很多。如果最先去做那些相对来说不那么重要的事情，我们的内心就很容易感到隐隐的不安，因为最重要的事情会一直压在心底。

我的做法是，每天早上醒来之后就拿出手机，在手机的日程表上列出当天最重要的事情，然后从最重要的这件事情做起。我在做完最重要的这件事情后，再去做剩下的事情当中最重要的那件事情。这样一来，即使有事情没有做完也没有关系，因为那些更为重要的事情，我已经完成了。

3. 一次只专注地做好一件事情

在制定好目标之后，接下来就是执行目标任务的环节了。在执行目标任务的过程中，最容易影响工作质量和工作效率的就是频繁分神，被其他事情打扰或者吸引，从而导致我们无法全神贯注地做好当下的事情。

在日常生活中，有些人经常打着“提高工作效率”的幌子，在同一时间进行多项工作。然而，这种做法不仅不会提高工作效率，反而会降低工作效率。从表面上看，他们好像在同时进行着多项工作，但是从本质上来说，他们只不过是在多项工作之间频繁切换而已。

比如，一个人一边写作一边回复工作上的信息。这个时候他并没有同时写作和回复信息，他只不过是在写作和回复信息之间来回切换罢了。而每一次任务切换之后，他通常都需要花费更长的时间才能回到之前正在进行的工作中，这样就会导致他完成每个任务的时间都不断拉长。

在《慢思考：大脑超载时代的思考学》一书中，作者特奥·康普诺利指出：“与不断切换任务的10个3分钟相比，连续不受打扰的30分钟能让你的效率提高10倍。”[①]除了会降低工作效率，多任务处理和加工还会降低工作质量、损害专注度，导致人们无法进行深入

---

①［美］特奥·康普诺利.慢思考：大脑超载时代的思考学[M].阳曦，译.北京：九州出版社，2016：104.

阅读和交流，带来更多的压力，等等。①

为了消除多任务加工带来的这种负面影响，我们就需要养成一次只做一件事情的良好习惯。要想养成这种良好的习惯，离不开两项重要的修炼：第一，学会延迟满足自己；第二，学会批量处理琐碎的事情。

那什么是延迟满足自己呢？在写作的时候，我所面临的一个巨大的挑战就是来自手机的诱惑。有时候，我想到一个观点，就想去手机上查一下相关信息。但是我在打开手机的时候，发现有一条微信消息需要回复，回复完微信消息后，又会情不自禁地刷一会儿朋友圈。就这样，本来花五分钟就能查完的信息，结果花费了几十分钟的时间。

后来，我开始尝试延迟满足自己想要触碰手机的冲动。我在写作的时候，就在旁边放一个小本子，用来记录各种临时产生的灵感或者需要进一步查询的信息，完成当前的写作任务后，再去触碰手机。这样，我就可以做到在写作的时候专心致志地写作，不被手机上的信息频繁干扰，从而极大地提高了写作效率。

那怎样批量处理琐碎的事情呢？这是我之前在从事行政工作的时候总结出来的一条经验。有一次，我在做一个重要的工作汇报PPT的时候，接到一些临时的工作安排，例如，需要在明天下班前完成

① ［美］特奥·康普诺利.慢思考：大脑超载时代的思考学[M].阳曦，译.北京：九州出版社，2016：96.

一个统计表格，需要在当天给学生发几个通知等。只要不是特别着急的事情，我都会先把它们放入待办清单里，然后马上投入当前最重要的事情中，一直等到做完PPT，再花时间去批量处理那些琐碎的事情。

这样一来，在做重要事情的时候，我的注意力就不会被轻易分散，从而保证了做事的专注力，同时保证了做事的质量和效率。

思维06

尝试对精力进行管理，有效避免“力不从心”

为什么要对精力进行管理

你是否有过类似的经历或感受？在忙碌了一天后，晚上好不容易有了点属于自己的时间，你准备给自己充充电，想要读书或学习一会儿。结果，你在翻开一本书之后，看了不到十分钟，就感觉阅读是一件非常困难的事情，发现注意力很难集中起来。然后，你就忍不住想玩一会儿手机，结果一玩就玩了很长一段时间。

人们经常会想当然地认为，那些花了很长时间去玩手机、在学习和工作方面都有拖延症的人，是在时间管理方面出了问题——他们不懂得珍惜时间，不知道在工作中应该抓住哪些重点。但实际上，这些人有可能是在精力管理方面出了问题——他们只是没有充沛的精力去战胜眼前那个充满挑战的任务而已，所以最后只好选择去做那些看上去更加轻松的事情，例如玩手机。

我们都渴望进入那种全身心投入地去做一件事情的状态，然而进入这种状态有一个重要的前提——这个人要具有充沛的精力。否则，他就很容易出现心有余而力不足的情况。所以，我们应该对自己的精力进行有效管理。

刚开始写作的那几年，我完全不懂精力管理的意义。那时的我，就是一个愣头青，为了实现自己的目标，经常会长时间逼着自己坐在写字台前写个不停。有时候，即使大脑已经感到十分疲惫了，我也不休息，生怕浪费了时间。有时候，即使身边的人都在聊天，我也会强迫自己将注意力保持在写作上。

可这样逼自己的结果就是，我总是感觉精力消耗得特别快，经常感觉大脑很沉、很疲惫，吃饭的时候也没什么胃口，脸上写满了疲惫，精神状态很差。

直到了解、学习并践行了“精力管理”的相关理念，我才发现“精力管理”是高效工作和学习的一个重要基础。我只要学会了对自己的精力进行科学的管理，就不必每天把自己搞得那么疲惫，同时可以维持更长时间的高效表现。

虽然我们都听说过“头悬梁、锥刺股”的故事，但是这个故事更多是对奋斗精神、意志力的一种赞扬，在实践层面并没有太多的指导意义。因为一个人在精力不济、身心俱疲的时候，是很难每次都靠“硬撑”或者“借助外界的刺激”去维持一个高效的状态和表现的。因此，每个人都需要学习一套更加科学的理念去管理我们的精力。接下来，我就从四个方面入手，和大家分享一下关于精力管理的重要理念。

工作和休息要交替进行：保持生命的节奏感

在写这段文字之前，我下楼绕着小区走了一圈。因为吃完早饭后，我已经连续写了一个小时的文章，大脑已经感到有些疲惫。此时，下楼溜达一圈，可以帮助我恢复精力，从而让我更从容地完成上午的写作任务。

“工作和休息一定要交替进行”，是我学习精力管理知识时感觉收获最大的一条道理。我们一定不能等到大脑已经感觉非常疲惫的时候再去休息，而是要在大脑刚刚感到有些疲惫、注意力稍微有些不集中的时候，就要开始酝酿和策划一次休息。这种及时的休息，可以是起身活动一下筋骨，可以是走到窗边喝一杯水等。别小看这种短暂的休息，它可以帮助我们尽快地恢复精力。

正如《精力管理》一书所言：“要想保持生命的跃动，我们必须学习如何有节奏地消耗和更新精力。”“最丰富、最快乐和最高产的生命的共通之处，是全情应对眼前的挑战，同时能够间断地放松，留给精力再生的空间。”①

在现实生活中，很多顶尖的运动员都懂得精力管理的理念。

① [美] 洛尔，施瓦茨.精力管理[M].高向文，译.北京：中国青年出版社，2015：25-26.

他们会在高度紧张的比赛过程中，见缝插针地放松自己。比如，在乒乓球比赛中，每次打完一个回合，运动员都会用习惯性的小动作让自己快速放松一下。有的运动员会原地轻跳几下，进行几次深呼吸，拿毛巾擦擦汗，或者在发球前让球在球桌上弹几下等。这些小活动都能起到放松身体或者平静情绪的作用，从而有助于运动员保持旺盛的精力和良好的竞技状态。

我们如果想要在一天中持续保持旺盛的精力，就一定要学会利用碎片时间见缝插针地休息，从而及时恢复精力，这样就能使自己在一天中始终保持一种精神饱满的状态。

我们可以借鉴时间管理中的番茄工作法，及时让自己恢复精力。所谓番茄工作法，就是保持“工作25分钟，休息5分钟”的工作节奏。其中，工作25分钟就算一个番茄时钟，在这个番茄时钟内，需要保持高度专注，不要分心去做其他事情；25分钟时间结束之后，则要给自己5分钟的时间用来放松。比如，站起来走动一下，去接杯水喝，去一趟洗手间等。

需要特别注意的是，休息的这5分钟时间，最好不要用来看手机，否则很容易玩一会儿手机就忘记了时间，同时大脑在玩手机的时候往往处于高度激活的状态，很难得到真正的放松。

当然，不同人的精力储备是不一样的，我们可以根据自己的实际状况设置适合自己的番茄钟时间。比如，对于精力特别旺盛的人来说，可以保持“工作1个小时，休息10分钟”的工作节奏。

“不要等到自己太累的时候再休息，要让工作和休息交替进行。”记住并践行这一句话，相信很多人精力不足的状况可以得到不小的改善。

调节睡眠、饮食、运动：提升自己精力的极限

每个人的精力极限是不同的。有的人在一天中的有效工作时间可能不会超过3个小时，而有的人则可能在工作6个小时之后依然保持着旺盛的精力。虽然每个人的精力极限不同，但是我们可以通过科学的训练，在一定程度上提升自己的精力极限。

那么，我们如何才能提升精力的极限呢？若想回答这个问题，我们就要先搞清楚精力的来源。

“从生理学的角度看，精力来源于氧气和血糖的化学反应。从实际生活来看，精力储备取决于我们的呼吸模式、进食的内容和时间、睡眠的长短和质量、白天间歇恢复的程度以及身体的健康程度。”[①]

接下来，我就重点从睡眠、饮食、运动三个方面来分享一下，如何有效扩充自己的精力储备，以及如何有效提升自己的精力极限。

第一，保证充足的睡眠，以提升精力极限。前段时间，我有一个切身体会——晚上一旦没睡好，第二天的精力就会受很大影响，做事情的效率就很容易降低。之前睡眠充足的时候，我精力也很

---

①［美］洛尔，施瓦茨.精力管理[M].高向文，译.北京：中国青年出版社，2015：67-68.

足，学习一上午都不会感觉累。而睡眠不足的时候，精力也很容易受到影响，我学习十多分钟，就很容易走神，忍不住想要玩手机。

正如《精力管理》一书所言：“即便少量的睡眠缺失——我们称为精力再生不足——也会深刻影响力量、心血管能力、情绪和整体精力水平。”“普遍的科学共识是：人体每晚需要7至8小时的睡眠才可以运转良好。”[①]

为了保证睡眠，我给自己定了一个规矩，晚上九点之后，除非有重要信息要回复，否则就不再看手机以及电脑。这样一来，我十点躺下睡觉的时候就很容易入睡，不会像以前那样因为玩手机时间太长导致大脑变得太兴奋，进而影响睡眠。睡眠得到保证之后，我的精力储备状态比以前好了很多。

第二，通过调整饮食提升精力极限。首先需要说明的一点是，无论是吃得太少还是吃得太饱，都会损害精力。[②]当我们感到饥饿的时候，我们的注意力很容易放在食物而非其他事情上。每次上课到临近中午的时候，我发现学生普遍会出现心不在焉的情况，因为他们都在想中午要去吃点什么。另外，我们在吃得太饱的时候很容易犯困，注意力也很容易涣散，从而消耗精力。

除了避免吃得太饱和吃得太少，选择不同的食物对我们的精力

---

①［美］洛尔，施瓦茨.精力管理[M].高向文，译.北京：中国青年出版社，2015：74.

②［美］洛尔，施瓦茨.精力管理[M].高向文，译.北京：中国青年出版社，2015：68.

也会产生不同的影响。一般来说，升糖指数低的食物更加容易为我们提供稳定而持久的精力。比如，早餐可以选择“全麦食物、蛋白质和低糖水果——草莓、梨子和苹果等”，“两餐之间的零食热量应该控制在100—150卡路里之间，并选择低升糖指数的食物，例如坚果、葵花籽、水果或半条200卡的能量棒”。①

第三，通过合理运动提升精力极限。单单从提升精力的角度来看，间歇性的训练比持续性的训练效果要更好。对于上班族和学生来说，这是一个好消息。因为我们不需要每次都单独拿出很长时间用来锻炼身体，只要见缝插针式地做一些间歇性的训练就可以有效提升精力，比如，快走、爬楼梯、骑自行车等。这些方式简单易行，在工作间隙就可以进行，只要能够保证节奏性地提高和降低心率即可。②

之前因为工作需要，我一天中的大部分时间都坐在办公室里处理各种事情。虽然办公室也安排了助理，可以让助理帮忙跑腿送材料等，但是我一般很少让助理帮忙。对我来说，跑腿的机会就是提升精力储备的一种方式，我不想白白浪费。

---

①［美］洛尔，施瓦茨.精力管理[M].高向文，译.北京：中国青年出版社，2015：69.

②［美］洛尔，施瓦茨.精力管理[M].高向文，译.北京：中国青年出版社，2015：82-83.

增加积极情绪：负面情绪会快速消耗精力

虽然我们可以通过改善睡眠、饮食、运动等方式从身体层面来提升精力极限，但是假如我们控制不好自己的情绪，我们的精力也会被快速地消耗掉。也就是说，我们需要同样重视在精神层面为自己的精力充电。

具体的思路很简单，就是努力增加自己的积极情绪，设法减少自己的消极情绪。

增加积极情绪的方法有很多，减少消极情绪的方法也有很多。那如何通过经营好人际关系来增加积极情绪、减少消极情绪呢？根据阿德勒心理学的一个基本理念，“人的烦恼皆源于人际关系”。[①]当然，我们也可以反过来理解这句话，“人际关系也是一切快乐的来源”。

我觉得肯花时间去维系和经营人际关系很重要，而要想让人际关系之花盛开和绽放，离不开平时的辛勤浇灌。

在处理职场人际关系方面，从给同事的朋友圈点赞到帮助同事解决一个难题，从给同事一些言语上的鼓励到去外地出差时给同事带一点纪念品，从请同事喝一杯咖啡再到请同事吃一顿大餐等，这些循序渐进的小小举动，日积月累，都会帮助你在职场上拥有更好的人际关系。

---

①［日］岸见一郎，古贺史健.被讨厌的勇气[M].渠海霞，译.北京：机械工业出版社，2015：36.

要知道，职场并不仅仅是一个讲效率的地方，也是一个讲人情的地方。只有平时勤于付出的人，在关键时刻才可能得到别人的帮助。更重要的是，由于我们大多数人每天都要花大量的时间在工作上，假如我们和身边一起工作的人处理好关系，那么在上班的过程中就会减少很多不必要的人际摩擦和冲突，从而拥有更多的积极情绪以及更少的消极情绪。

同样的做法，也可以运用到经营家庭关系方面。简而言之，无论多忙多累，我们都不要忘记花时间陪伴家人。人到中年，我对“家和万事兴”这句话有了更深刻的认知，如果经营不好家庭关系，就很容易消耗自己的精力。想想看，如果夫妻两个人经常为了一些鸡毛蒜皮的事吵架，那么你还有什么心思去干一番事业？再想想看，假如孩子和你的关系很疏离，你把事业做得再成功，心里都难免会有一种挫败感，进而损害工作的热情。

我比较擅长口头表达，结合我的优势，在家里我会努力抓住一切可能的机会鼓励和赞美妻子。两个人待在一起时间久了，我们很容易把对方的优点看成理所当然，如果经常提醒自己去赞美对方，就可以让这份感情持续保鲜。在对待孩子方面，我会尽可能抽出更多的时间给予他高质量的陪伴，比如，陪他下棋，给他讲故事，和他聊天，教他学英语等。这些互动，不断地加深了我和孩子之间的情感联系。

慢慢地，我发现，在家庭中的每一分付出，都会得到加倍的回报。无论我在外面遇到多么大的挑战和困难，妻子都会第一时间送上安慰。我回到家里，欢声笑语总是不断。每次推开门，听到孩子喊一声“爸爸，你回来啦”，我常会有一种感觉——所有的消极情绪都在这一瞬间被治愈。

做好精力管理

如果每做一件事情，我们都需要思前想后，那么整个过程是非常消耗精力的。比如，有一段时间，我感觉自己在知识储备上有很大的欠缺，所以想要多读书。但是开始的时候，由于我没养成读书的习惯，每天纠结在何时读书，而这个做选择的过程非常耗费精力。

后来，我养成了每天早晨在地铁里读书的习惯，这样一来，我就再也不需要花费时间去思考“今天应该在何时读书”的问题了。

对于读书、学习、陪伴家人等生活中的重要事情而言，一旦把做这些事情变成习惯，我们就会节省出大量的精力积极地工作，而非不停地琢磨今天到底应该何时去做这些事情。

可见，养成一些精力管理的好习惯，非常有助于节省精力。下面，我就和大家分享三个节省精力的好方法。

1. 学习和休息交替进行

我花了十多元钱买了一个实物的番茄时钟。每次在家里学习或写作的时候，我就会拿出番茄时钟——只要扭一扭，设置好学习的时间就可以了。我通常会设置一个25分钟的番茄时间，只要番茄时钟一响，我就站起来活动5分钟。这样一来，学习和休息交替进行，我就可以及时地补充精力。

和手机上的“番茄时钟”APP相比，我觉得实物番茄时钟更加好用。因为手机本身就是一个很大的诱惑物，我若采用手机上的APP来计时，就很容易被手机上的其他软件所诱惑，例如刷刷朋友圈、看看新闻，导致浪费更多的时间。

长时间使用番茄时钟，还有一个潜在好处，就是能渐渐养成学习和休息交替进行的节奏感。在工作的时候，有时即使番茄时钟不在身边，我也不会长时间坐在办公桌旁，而是会定时起身放松一下。

2. 运动定目标、睡眠定规则

在运动方面，我通过运动手表给自己设置了一个每天行走10000步的目标。如果遇到阴天下雨或临时有事的情况，我给自己设定的目标是6000步。其实，一天走10000步或者6000步并不是特别难的目标，难的是每天坚持进行。通常来说，每天午饭和晚饭后，我都会坚持散步一段时间，一直走到完成行走目标为止。

在睡眠方面，我目前所养成的习惯是，晚上九点之后不再频繁翻看手机，除非有特别重要的消息需要回复。因为之前的经历告诉我，自己晚上容易兴奋、睡不着觉的一个重要原因就是长时间翻看手机。那九点之后做什么呢？答案就是看一本自己真正喜欢的纸质书。有的人睡前看书会兴奋，而我睡前看书则特别容易促进睡眠。仅凭这个习惯，我的睡眠质量就得到了大幅度的改善。

3. 增加积极情绪

我在睡前会就一些轻松的话题和家人聊天。比如，我们一家三口都喜欢在床上各自读一本自己喜欢的书。读完书之后，我们会互相分享自己从书中所获得的一些有意思的知识。有一段时间，儿子在睡前喜欢读脑筋急转弯一类的书。读完后，他会出几道题目让我们俩回答，一家人其乐融融。

关灯之后，儿子通常很快就会睡着。这个时候，我们夫妻俩会把一天中所遇到的家庭内部问题和外部的烦恼充分地交流一下。我们两个人都有心理咨询师的背景，所以在交流的时候基本上能做到彼此理解，充分共情。很多令人烦恼的事情，我们如果能够充分地表达出来，就不会一直压在心底消耗心理能量。同时，每次充分表达出自己的想法之后，我就很容易更加踏实地睡着。

以上就是我为了更好地做好精力管理在生活中总结的方法，希望能够给大家带来一些参考。当然，你也可以根据自己的实际情况，形成自己的一套精力管理的方法，从而让自己精力充沛地迎接每一天的全新挑战。

思维07

活在当下的时光里面，不忧过去也不惧未来

“你有多久没闻到醉人的桂花香了？”

曾有一段时间，我对未来感觉特别迷茫。当时的我，在生活中遇到了一些挫折，同时又感觉工作压力很大，不知道未来的路在何方。

有一天下班之后，我一个人在大学校园里闲逛，遇到了一位活力四射的同事。虽然他比我工作仅仅早一年，但是他的心态很好，做人的格局很大，很多人都愿意找他倾诉。

那天，我和他聊了一会儿。当时聊的具体内容，我已经记不太清了。我只记得，我所说的很多问题，在他那里好像都可以被理解为小事一桩。而且他的脸上始终挂着微笑，对生活充满了希望。他当时还问了我一个问题：“你有多久没闻到校园里的桂花香了？”

校园里种了很多桂花树，每到金秋时节，桂花就会悄然盛开，校园里弥漫着醉人的桂花香。可是，当时忧心忡忡的我，每次都是行色匆匆地从校园中走过，很少活在当下，当然也就没有注意去细心品味这股醉人的桂花香了。

在和那位同事交谈完之后，“你有多久没闻到桂花香了”这个问题就经常浮现在我的脑海中。我竟然开始悄悄留意校园里的桂花香了。

奇妙的是，当我开始全神贯注地活在当下的时候，我发现，那股桂花香真的很醉人。有时候，在住校的日子里，晚餐之后，我会特意在校园里溜达一圈，就是为了闻一闻那股醉人的桂花香。每次放下心事，带着“去闻闻桂花香”的心态在校园里溜达一圈，我就感觉很解压，心态变得越来越平和。

当我们能够静心享受此刻美好的时候，这份美好就会发酵，生出更多的美好。但是当我们忽略当下美好的时候，这份美好便会贬值，最终一文不值。

真正悟透人生的人，往往会在纷繁复杂的世界里保持一份“活在当下”的闲适心情，他们懂得去品味美好的东西——无论是专心地享受一顿美食，认真地品味一杯茶，还是静静地欣赏沿途的风景，任凭世界风起云涌，这些人都能守住内心的平静。

不过，环顾四周，能达到上述境界的人实在是少之又少。当你走进一个餐厅的时候，你会发现，很多人都是一边吃饭一边玩手机。“视而不见，听而不闻，食而不知其味”，每天都在四处呈现。那么，到底是哪些原因导致我们无法活在当下呢？

下面，我就以课堂上始终无法专心听课的学生为例，将无法活在当下的原因概括一下。

第一类学生：可以被称为“手机的奴隶”

他们一直拿着手机，“哪里开心点哪里”，或者漫无目的地刷短视频，或者一个劲儿地玩游戏。他们只渴望尽可能多地寻找乐趣，丝毫不在乎这件事情是否有意义。他们中的很多人，心里也知道沉迷于手机会错过学习课堂上老师讲授的一些有价值的知识和道理，但是他们就是控制不住自己，总是被手机上那些新鲜好玩儿的东西牵着鼻子走。

第二类学生：可以被称为“过去的奴隶”

他们中的很多人，在开始上课之前就毫无生气地趴在桌子上，好像丧失了对生活的信心。不管老师在课堂上讲什么内容，都很难激起他们的兴趣。这一类学生的内心往往都有这样一句潜台词：“不管我做什么，都无法改变现实。”他们之所以会有这样的潜台词，往往和过去的经历有很大关系。概括地说，他们也曾在生活中尝试做过一些努力，但是这些努力都失败了，导致他们产生一种悲观的论调——努力没用，不如听天由命。

第三类学生：可以被称为“未来的奴隶”

这一类学生其实在课堂上还显得挺“积极的”，他们既不会一个劲儿地玩手机，又不会一直趴在桌子上什么都不做，他们会努力尝试一边听课，一边忙着去做一些他们认为更加重要的事情。比如，他们会在听英语课的时候，同时做专业课作业。他们很容易对未来感到焦虑，总感觉自己假如不为未来做出更多的努力，就会丧失很多安全感。这一类学生，总是忙忙碌碌地为未来做准备，很难有机会品味当下。

其实，以上三类学生都有一个共同的特点——无法活在当下。那么到底怎么做才算活在当下呢？我们可以把“活在当下”定义为：一个人可以和当下的生活建立起深度又紧密的联系，能够全身心投入正在做的事情中，同时不忧过去、不惧未来。

接下来，我们就来看一下，如何才能避免沦为手机的奴隶、过去的奴隶和未来的奴隶，让自己有更多的机会活在当下。

不要沦为手机的奴隶：丰富自己的娱乐方式

当我给朋友介绍“活在当下”这一理念的时候，朋友好奇地问我：“那你说说，我全神贯注地用手机刷短视频的时候，算不算活在当下？”

我说：“不算。”实际上，一个人每天花费大量时间浏览短视频，就像每天在吸食“电子海洛因”。

当我们在刷短视频的时候，表面上看，我们很容易做到“目不转睛”，但是我们无法做到“深度认知”。因为我们的目光被频繁地从一个兴趣点吸引到另一个兴趣点，我们的注意力被频繁又快速地分散和转移，我们的大脑开始变得越来越喧嚣，而非越来越平静。

当我们刷着一个又一个短视频的时候，其实是十分肤浅地活在这个世界上，我们无法和正在浏览的内容建立更加深度又紧密的联系。

当我们深陷短视频中不能自拔的时候，我们的大脑实际上已经沦为了多巴胺的奴隶。所谓多巴胺，是指当我们的大脑在发现有“奖励机会”的时候会释放的一种神经递质。这种神经递质会劫持我们的注意力，促使我们不停地去寻找下一个奖励。[①]除非我们能主动觉知这一上瘾机制，否则就很容易深陷其中，不能自拔。

更加可怕的是，我们的大脑具有可塑性，当我们不停地在手机上刷着短视频或者带有强迫性地浏览着各种网络新闻的时候，我们大脑中“用于扫描、略读和多任务处理的神经通路正在扩展和加强，而用于全神贯注地仔细阅读和深入思考的那些神经通路正在弱化或消失”。[②]

---

①［美］麦格尼格尔.自控力[M].王岑卉，译.北京：印刷工业出版社，2012：120−123.

②［美］卡尔.浅薄：你是互联网的奴隶还是主宰者[M].2版.刘纯毅，译.北京：中信出版社，2015：176.

这就意味着，一个人在习惯了长时间玩手机之后，他的大脑结构（神经突触的工作方式）就会发生一些实质性的改变，他会因此逐渐丧失深度阅读以及全身心活在当下的能力。比如，很多人一旦养成没事就玩会儿手机的习惯，整个人变得心浮气躁，就很难再静下心来阅读一本书。

有时候，我看到有人一边走路一边拿着手机刷短视频；有的人一边上课一边习惯性地拿出手机刷个不停；有的人甚至会在等红灯的那点短暂的时间内，也掏出手机玩一会儿……这些人都已经在无意间成了手机的奴隶——他们被手机上的各种诱惑牵着鼻子走，却无法从中抽离！

总之，长时间玩手机不仅不算活在当下，而且已经成为我们活在当下的一个重要阻碍。因为真正的活在当下，会有一种深深的存在感、放松感和满足感，而不是长时间玩手机之后所会体会到的那种空虚感、内疚感、罪恶感。

当你的爱人充满深情地跟你说话的时候，当你的孩子正充满期待地向你提出请求的时候，当你的父母正在兴奋地和你分享着家长里短的时候，你是否会在表面上一边附和着，一边却在一刻不停地刷着手机？如果你总是这样做的话，那么你就在不断地从现实生活中抽离，错过了人生太多美好的时光。

那么，我们究竟怎样做才能戒掉玩手机的瘾呢？在一次聚会上，当我带着这个问题去询问一位朋友的时候，她给出的答案相当简单粗暴——“其实就是狠狠心，卸掉手机上那个总是诱惑你的软件就行”。

她接着告诉我，以前她每天总会花大量的时间刷短视频，但是后来发现这样太浪费时间了，于是干脆把手机上的那款短视频软件卸载了。从此，她很少再花很长时间去刷短视频。

我的另外一位朋友，就运用类似的方法戒掉了手机游戏。以前，在工作之余，他总喜欢玩几局游戏，但是，慢慢地，他发现自己很难控制住自己，每天都要花大量的时间玩手机游戏。后来，他就卸载了这款手机游戏。虽然后面他还经历了重新安装——卸载——再次安装——卸载等一系列的反复斗争过程，但他最终战胜了手机的诱惑，改为通过约朋友一起打篮球放松自己。

那么，这种“卸载手机软件”的做法，真的管用吗？

在《习惯的力量》一书中，作者都希格把任何一个习惯的养成都概括为三个部分，分别是暗示、惯常行为和奖赏。①我们在看到手机上的短视频软件图标的时候，这个软件图标就是一个暗示，会触发我们的惯常行为——浏览短视频；在浏览完短视频之后，我们会得到一些奖赏——刷到一些有趣的短视频；我们的大脑就会期待下一次的奖励，一旦看到短视频的图标，就很容易触发刷短视频的行为。总之，这三个组成部分构成了一个闭环，刷短视频的习惯就这样变得越来越牢固。

我们把手机上的短视频软件卸载了之后，实际上就从手机上移

① [美] 都希格.习惯的力量[M].吴奕俊等，译.北京：中信出版社，2013：48.

走了一个暗示物，自然就会减少刷短视频的时间。

可有的人在卸载了短视频软件之后，又形成了一些新的习惯，开始在手机的其他软件上花费更多的时间。比如，有的人开始长时间地刷朋友圈，有的人开始长时间地浏览各种头条新闻等。那么这时候我们又该怎么办呢？

根据习惯形成的三个环节，这个时候，暗示就变成了“感觉有些无聊”，惯常行为就变成了“玩手机”，奖赏就变成了“通过浏览各种新闻获得消遣”。

要想打破上述习惯链条，我们就需要在“感觉有些无聊”的时候改变惯常行为，同时依然能得到和原来差不多的奖赏。

对于大部分人来说，忍不住玩手机的最终目的其实都是获得“简单放松一下自己”的奖励。也就是说，我们如果能够丰富自己的娱乐方式，就更加容易戒掉玩手机的瘾。

比如，在家写作的这段日子里，每当感到大脑疲惫的时候，我也很容易掏出手机玩个不停，借此方式放松自己。但是我发现，自己控制不住时间，在玩手机方面浪费了太多的注意力。后来，我尝试了用其他方式来放松自己。比如，我在感到有些累的时候，就起身到小区里溜达一小圈，或者和儿子下一局象棋，或者泡一杯茶喝。这样，玩手机的时间就变得越来越少了。

总之，要想戒掉玩手机的瘾，我们一定要想清楚一个问题：假如我不玩手机，我应该做点什么来放松自己？

我们如果没有找到可行的替代娱乐方式，就很难真正戒掉玩手机的瘾。我们只有不断丰富自己的娱乐方式，才能逐渐放下手机，回归真实世界，享受当下生活的美好。

写到这里，我忽然想到一个问题：我在小时候没有手机，是怎么娱乐的呢？此刻，我的脑海里浮现出来的，都是一些特别快乐的时光。比如，我会跑到邻居家找好朋友玩，和小区里的孩子一起踢足球，三四个人聚在一起玩一下午的大富翁游戏，晚上和家人一起看足球比赛，和同学一起骑自行车去郊游，等等。这些娱乐方式，包含了很多社交的元素，又暗含了很多心流体验，从而让那时的我有机会真切地活在这个世界中。

不要沦为过去的奴隶：鼓起改变现实的勇气

很多人无法活在当下，是因为一直沉溺于过去。也许他们曾经在过去受到过某种伤害，所以启动了防御机制，把自己包裹在一层层厚厚的壳里面，从而失去了对现实生活的真切感知。

比如，一对小情侣趁假期出去旅游，他们原本心情挺好的，但是因为某一天中午要去哪家餐厅吃饭吵了起来，结果两个人的心情都受到了影响。下午在游玩的时候，两个人都闷闷不乐，所有的美好风景都无法在两个人的心中激起一丝涟漪。

之所以会出现这样的状况，是因为两个人都活在过去发生的事情里。女孩在心里想："为了这点小事都会和我争吵，他是不是不爱我了？我感觉没有一点安全感。不过只要他主动向我道歉，我就会原谅他。毕竟，后面几天，我还想开心地玩耍。”而男孩在心里想：“今天她竟然当着其他人的面公开反驳我，一点都不给我面子，我的自尊心受到了很大的伤害，她应该向我道歉。但是我不会主动向她道歉，因为上次我犯错之后向她道歉，她没有马上接受，搞得我很没有面子。”

这个男孩很爱这个女孩，而这个女孩也很爱这个男孩，只不过他们俩都卡在自己受伤的感受中无法动弹。其实这个时候两个人都有能力改变现实，但是他们都没有做出改变。

就这样，他们俩谁都没有主动认错。虽然两个人的情绪后来有所缓和，但是心里依然不痛快。两个人不约而同地在心里默默地想，如果没发生那次争吵该多好。然而，事情已经发生，整个旅程两个人都沉浸在闷闷不乐的情绪中，错过了沿途很多美丽的风景。

一个人在为过去发生的事情耿耿于怀的时候，很容易陷入心理学中经常提到的一个现象——“思维反刍”，即一个人反反复复思考同样一件事情，然后在消极情绪中越陷越深。显而易见的是，我们一旦陷入“思维反刍”，就很难活在当下。

比如，有的人因为自己刚才在领导办公室说错了一句话感到耿耿于怀，有的人因为工作上犯的一个小错误不停地谴责自己，等等。这些做法，就如同在为已经打翻的牛奶哭泣。

面对已经发生的糟糕事情，最好的态度就是——接纳已经发生的事情，然后积极地做出一些改变，而不是一直纠结在过去，不停地和自己内耗，最终导致自己继续错过美好的时光。

心理学中有一个经典的“习得性无助”的实验，可以形象地说明“一直活在过去的伤害中”是一件多么恐怖的事情。

“习得性无助”这一概念是由马丁·塞利格曼在1967年提出的。他当时用小狗做了一项经典的实验。起初，研究人员把小狗放在笼子里，只要蜂鸣器一响，就给小狗施加一些令其难受的电击。小狗在受到电击之后，当然想要逃避电击，就会在笼子里左跳右跳，不停地哀号。但是无论小狗怎么挣脱，都无法避开电击。

如此实验多次之后，小狗仿佛陷入了一种绝望的情绪，渐渐地很少做出反抗。后来，即使研究人员在给小狗施加电击之前就把笼子打开，小狗也不会逃跑，而是倒在地上哀号，等待着电击的来临。根据这一实验，我们可以推断出“习得性无助”这一概念的含义：因为重复的失败或者惩罚而习得的听任摆布的行为或心理状态。①

“习得性无助”带给我们一个重要启发：我们无论在过去受到过怎样的伤害，都不要轻易沦为过去的奴隶。

因为我们所处的环境会慢慢改善，我们的个人能力会不断提升，一些过去我们无法解决的问题，并不代表我们现在也无法解决。只要我们能够鼓起改变现实的勇气，通过采取一些积极的行动去尝试改变现实，很多事情就有机会迎来新的转机。

---

①360百科.习得性无助[EB/OL].[2021-08-05].https://baike.so.com/doc/5411502-5649610.html.

我们一旦鼓起勇气去尝试、去改变，就不会一直被囚禁在过去的痛苦中，就会拥有更多的机会活在当下的时光里。

不要沦为未来的奴隶：未来没你想象的那么糟糕

很多人无法活在当下，是因为总是对未来感到忧虑。我记得自己从小时候开始，就被身边的人灌输了一种过度的忧患意识——“生活太顺利的时候千万不要太得意，否则不好的事情就会马上来临。”在这种忧患意识的作用下，我很少敢纵情享受当下，因为担心发生不好的事情。

此外，我也是一个生性悲观的人，凡事很容易往最坏的方面去想，所以会频繁地为未来感到忧虑。有时候，我会为自己偏悲观的性格感到心累，因为我很容易带给别人一种忧心忡忡的感觉，而我自己也感觉活得不洒脱。

我一直感觉特别庆幸，自己很早就踏上了学习心理学的道路。在学习心理学的过程中，虽然我花了很长时间去和别人分享心理学知识、去帮助别人成长，但是最大的受益者是我自己。

因为通过学习心理学，我对自己的个性特征有了深度的觉察，也许这种觉察没有办法让我变成一个乐观的人，但是经过长期的探索，当自己为未来感到忧虑的时候，我知道应该通过哪些具体可行的方式走出心理困境，进而留出更多的心理空间从容地品味当下的美好。

接下来，我和大家分享两个策略，帮助大家更好地应付对未来的担忧。

策略一：相信“你所担心的99%的事情，都是不可能发生的”

这是我在戴尔·卡内基的一本叫作《如何停止忧虑，开创人生》的书中读到的一句话。每当我感到忧虑的时候，这句话总能带给我很大的安慰。

对于一个生性敏感、悲观的人来说，这句话绝非心灵鸡汤。我曾尝试在一周的时间内连续去记录那些还未发生的却让我感到忧虑的事情，然后在下一周去检验这些消极的想法和念头是否真的发生了。而最终的结果就是，那些曾经感到忧虑的事情，几乎都未真实发生。因此当我再次为还未发生的事情感到忧虑的时候，我就会安慰自己：“消极的想法不等于客观现实，车到山前必有路，放松一点，事情往往没有想象的那么糟糕。”

策略二：感到忧虑的时候，做点什么比想点什么更加管用

客观现实不会因为我们反反复复的忧虑而发生任何变化。只有当我们鼓起勇气去行动的时候，客观现实才有机会得到改变。

比如，我们在为周一即将到来的某个公开演讲感到忧虑的时候，花点时间把演讲反复演练几遍，要比自己一直忧虑好很多。此外，在面对那些复杂的事情或者无法马上动手去做的事情的时候，我们可以尝试先列一个相对清晰的待办清单，把大任务分解成小任务，就能有效地化解忧虑。

因为对未来的忧虑往往产生于一片混乱之中，如果我们能够进一步明确接下来的待办事项，或者动手去做一点事情，就有助于我们把事情理得更加清楚，从而促进问题的解决。总之，我们一旦行动起来，我们的忧虑就很容易慢慢消失。

那么，如何判断一个人已经拥有活在当下的能力了呢？一位智者曾经提供了两个判断标准，我觉得很有道理。这两个判断标准是："该吃饭的时候吃饭，该睡觉的时候睡觉。"这两点说起来容易，做起来难，因此我建议大家先努力完成前面提到的三项修炼——放下手机，不念过去，不惧未来。

思维08

创造更多的心流体验，把无趣的生活变有趣

心流体验：美好人生的提示器

一位患有精神分裂症的女患者，住院的时间已经超过10年。提起精神分裂症，即使你没有学过心理学知识，恐怕也知道这属于心理疾病中比较严重的一种。

这位女患者的思路已经不太清晰，很少有情绪方面的变化，病情比较严重。然而，医生通过跟踪记录发现，在一段时间内（两个星期当中），这位女患者出现了两次情绪高亢的时刻，而这两次情绪高亢的时刻都出现在这位女患者给自己修剪指甲的时候。

医生认为这是一个了不起的发现，便请来专业人员对这位女患者进行培训，教她修剪指甲的相关技巧。这位女患者十分乐意接受这样的培训，没过多久，她便开始主动帮身边的病友修剪指甲。

接下来，一件神奇的事情发生了。这位女患者的病情较以前有了很大程度的好转。院方也同意这位女患者在有人监护的情况下出院。这位女患者回到家之后，在自己家门口挂起了招牌，专门帮人修剪指甲。不到一年的时间，这位女患者就实现了自力更生，精神状态也有了很大的改变。[①]

这个故事，摘自有“心流体验之父”之称的契可森米哈赖所写的《专注的快乐》一书。故事中的女患者之所以会有如此惊人的转变，和医生发现了她在修剪指甲时会有“情绪高亢的时刻”，同时努力推动她产生更多类似的“情绪高亢的时刻”有很大关系。

在心理学中，我们把上述这种“情绪高亢的时刻”称为心流体验。说得再具体一点，心流体验就是指当我们专注地、投入地做某一件事情的时候，所体验到的身心合一、时光飞逝、深深地沉浸其中的美好情绪体验。

运动家经常把心流体验描述为“处于巅峰”，而艺术家和音乐家经常把这种体验描述为“灵思泉涌”。[②]而找到自己专属的心流体验，并在此基础上创造更多的心流体验，是一个人拥有更加美好的生活的基础或者说必经之路。

我感觉自己很幸运，早在多年前就找到了自己的心流体验。刚

---

①［美］契可森米哈赖.专注的快乐：我们如何投入地活[M].陈秀娟，译.北京：中信出版社，2011：48-49.

②［美］契可森米哈赖.专注的快乐：我们如何投入地活[M].陈秀娟，译.北京：中信出版社，2011：34.

刚参加工作时，我从事的是学生管理方面的工作，每天有大量的行政事务需要去处理和应对，很少有心流体验产生。有一次，学校的外教知道我英语口语还不错，学习的又是心理学专业，所以邀请我去给他的学生们做一次英文演讲，主要内容是如何让自己的大学生活变得更加充实和幸福。

由于那次演讲的主题是我个人比较熟悉的话题，我也花了不少时间去准备，所以当天演讲的效果很不错，现场的气氛特别好，学生们的掌声和笑声不断。演讲结束后，外教建议全体起立为我鼓掌。而我自己也非常享受整个演讲的过程，在演讲结束的时候我还有些意犹未尽的感觉。

坦白说，我之前很少受到这么高的“礼遇”，因此当时的我感觉特别兴奋，那种美好的感觉从此一直存在脑海里。而且，学校的外教跟我说了一段话，让我很受触动。那段话的大概意思是，“你实在是太适合做演讲了，应该多去演讲，比如去不同的学校演讲，让更多的人从你的演讲中受益”。

现在回过头来看，那次演讲是我个人职业生涯发展过程中一个十分重要的里程碑。在那次演讲中，我产生了很多心流体验，并且开始思考这样一个问题：“怎样才能在工作和生活中创造更多的机会和条件，从而产生更多类似的心流体验呢？”

于是，我开始在学校开设积极心理学的选修课，专门给学生讲授如何变得更加幸福的知识。后来，我不再满足于仅在晚上给学生开设选修课，跳槽到现在的学校全职做授课老师，这样就有了更多的时间给学生上课，从而产生了更多的心流体验。

现在的我，虽然也需要面临很多生活或工作中的难题，但是相较于从前，我对工作的整体满意度有了很大的提升。可以说，目前我的职业幸福感指数几乎处在近十年来的最高点。这一切，都要归功于我找到了自己的心流体验，并且通过不断的努力创造一定的条件让自己产生了更多的心流体验。

如何找到自己的心流体验

也许有人忍不住想问，我该如何去做才能找到自己的心流体验呢？下面，我就和大家分享寻找心流体验的两个锦囊。

第一个锦囊：通过记录幸福瞬间来寻找心流体验

最初，从事心流体验的研究人员采取的是“心理体验抽样法”，以此记录受试者的情绪变化，从而发现受试者的心流体验。所谓“心理体验抽样法”，是指研究者采用呼叫器等随身设备，提醒受试者及时记录“一周内每日由早至晚的活动，查出他从事某活动或与某人相处时的情绪变化”。[①]

其实，我们可以根据上述理念，采用一个更加简便的方法——以“记录幸福瞬间”的方式来找到自己的心流体验。这是我在学校

① [美] 契可森米哈赖.专注的快乐：我们如何投入地活[M].陈秀娟，译.北京：中信出版社，2011：18.

上幸福课的时候经常给学生布置的一个学习任务——让学生在一个学期内记录不少于21条幸福瞬间。他们每当做完一件事情并且感觉比较幸福的时候，就及时记录下来。而每一个幸福瞬间，都有可能蕴含着一个心流体验。

之所以要记录21条幸福瞬间，是借鉴了行为心理学中“21天形成一个新习惯”的理念。如果每天记录一条幸福瞬间，学生至少需要21天才能完成这项任务，这样也能顺便帮助学生养成发现幸福的习惯。而学生在回顾和复盘这些幸福瞬间的过程中，就比较容易提炼出自己的心流体验。

比如，通过记录幸福瞬间，有的学生发现自己经常会在做手工的过程中产生心流体验，所以在他感到无聊的时候，会优先考虑去做手工；有的学生发现自己在辅导小学生学英语的时候容易产生心流体验，所以她决定毕业后做一名英语老师；还有的学生发现自己在制作咖啡的过程中很容易产生心流体验，于是她在假期通过应聘成为一家咖啡连锁店的实习生，这份兼职让她收获了更多的幸福感。

第二个锦囊：找到心流体验的前提是你不能一直“躺平”

有的学生对我说：“老师，即使我坚持记录幸福瞬间，也无法找到自己的心流体验，该怎么办？”

这位同学记录的幸福瞬间，大部分都和吃吃喝喝有关。比如，他去一家新开的餐厅吃了一顿大餐，或者喝到了新口味的奶茶等。

这些幸福瞬间有一个共同的特点，就是不需要一个人付出太多的努力就能获得，这样的生活缺少足够的挑战。

一个人若想获得心流体验，有一个重要的前提，就是要付出持续的努力。那些轻松获得的快乐，往往无法达到心流体验的高度，它们还有另外一个称呼——感官愉悦。比如，吃一顿好吃的、躺在床上玩手机、过度纵欲等，这些愉悦感官所带来的快乐缺少质感，并且持续的时间往往很短，最终很容易把人引向精神上的空虚。

而通过付出一定的努力所得到的心流体验，会让人们产生一种深深的满足感、充实感和存在感。但是获得这些美妙的体验是有代价的，就是必须战胜一定的挑战。正如《专注的快乐》一书中所写的一样："使出浑身力气攀登山峰的登山者、拿出看家本领唱歌的歌手、织出空前繁复图案的纺织工，以及必须更新手法或随机应变以进行手术的外科医生，都有机会获得心流体验。"①

很多人经常会有一个错误的假设，就是对自己感兴趣的事情，即使不付出太多的努力，也会产生心流体验。然而事实并非如此，因为付出努力是产生心流体验的一个重要前提条件。

比如，我很喜欢讲课，在给学生上课的过程中我经常会产生很多心流体验。但是假如我不对课程进行任何改进，每次都照着PPT讲同样的内容，我就会感到心理疲惫。之所以讲课这件事能够让我产

① [美]契可森米哈赖.专注的快乐：我们如何投入地活[M].陈秀娟，译.北京：中信出版社，2011：36.

生源源不断的心流体验，是因为我一直持续不断地付出努力——根据学生的反馈不断地对课程做出一些调整，然后带着兴奋的情绪把这些新增加的内容讲给学生听。

正是这种对课程不断地升级、迭代，使我对所上的课程始终保持着一份新鲜感。与此同时，“如何让更多的学生能够从课程中有更大的收获”这一挑战的存在，让我有机会通过努力持续地在讲课这件事情上获得心流体验。

产生心流体验的三个条件

找到了能够让自己产生心流体验的活动，并不意味着我们只要一从事这类活动，就会马上产生心流体验。

比如，有的人在读书的时候容易产生心流体验，但是当他漫无目的地翻一本书的时候，他便无法产生任何心流体验；有的人在演讲的时候容易产生心流体验，但是当听众没有给他任何反馈的时候，他便无法产生任何心流体验；有的人在打篮球的时候容易产生心流体验，但是当他遇到强大对手的时候，他便无法产生任何心流体验。

为什么同样一类活动，有时候我们容易产生心流体验，而有时候我们却不容易产生心流体验呢？这和心流体验的产生需要满足的三个条件有密切的关系。这三个条件是明确的目标、即时的反馈、挑战和能力相当。[①]

1. 要有明确的目标

只有当目标明确的时候，我们才容易集中注意力，不会轻易地因外界的干扰而分心。

当我们漫无目的地翻看一本书的时候，我们很难产生心流体验，因为缺乏一个明确的读书目标。但是假如我们是为了通过读一本书来解答自己心中的某个疑问时，读书的状态马上就会变得不同——我们会认真地翻看这本书的目录，积极思考和主动加工自己所读到的内容，当我们心中的疑问在书中得到解答的时候，便会有一种豁然开朗的感觉。这个时候，心流体验就会产生。

2. 要有即时的反馈

只有当我们获得即时反馈的时候，我们才知道自己是否正在沿着正确的方向前进，这样才不会犹豫不决。

一个人在演讲的时候，假如无法得到听众的任何反馈，是很难产生心流体验的，因为他不知道自己讲的内容是否符合听众的兴趣，是否真的对听众有益。但是假如台下坐着的听众频频点头，在听到某个段子时还会心一笑，这些积极的反馈，都很容易让演讲者

① [美] 契可森米哈赖.专注的快乐：我们如何投入地活[M].陈秀娟，译.北京：中信出版社，2011：36.

产生心流体验。

很多人都知道，电子游戏容易让人上瘾，这和游戏中所设计的上瘾机制有很大关系——即时反馈就是其中最重要的一个机制。

3. 挑战和能力要相当

只有挑战和能力相当的时候，才最有利于心流体验的产生。假如挑战难度太大，我们就容易产生畏难和焦虑情绪，很难放开自己。假如挑战难度太小，我们又很容易感到松懈，提不起太多的兴趣，无法保证自己专注于进行的活动。

我经常会参加教职工的篮球活动，对“挑战要与能力相当”这一点深有体会。我在打篮球的时候，每当遇到太强的对手，往往很难发挥出自己的实力，有的时候在场上打上几分钟，就感觉累得上气不接下气，这都是由于过分焦虑和紧张导致的。而有的时候，对手太弱也很难让我产生心流体验，才打一会儿，就很容易觉得没劲，提不起太大的兴趣来。

在明确了心流体验产生所需的条件之后，我们重点聚焦工作和休闲两个场景，看看在这两个场景中如何创造更多的心流体验。

如何在无趣的工作中创造更多的心流体验

有些人经常感觉工作非常煎熬，总是盼着早点下班，往往就是由于在工作中缺少足够多的心流体验造成的。一个人假如能够经常性地从工作中感受到心流体验，那么他会无比热爱自己的工作，因为工作能给他带来无穷的乐趣。

我们可以通过人们在面对下班时的不同心情，来判断一个人是否在工作中拥有足够多的心流体验。对于一个无法在工作中找到心流体验的人来说，他会忍不住欢呼一声："终于下班了！"而对于一个经常能够在工作中产生心流体验的人来说，他会忍不住地感叹一句："没想到这么快就下班了！"

每次给学生上幸福课的时候，我都很容易产生心流体验。我刚刚开始上幸福课那几年，通常都是在晚上给学生上课的。对于我来说，有课的晚上总是那么令人期待。每次下课铃声响起的时候，我都有种依依不舍的感觉。

读到这里，也许有人会说："可是我的工作就是很无趣，根本无法产生心流体验，该怎么办？"这个时候，我们可以对工作进行一番改造，从而促使自己产生心流体验。下面我就和大家分享三个具体可行的方法：

1. 给手头的工作设置一个全新的目标

很多同事都不喜欢统计数据的工作，但是有一位同事，她却想办法从"统计数据"这项看似无聊的工作任务中找到了心流体验。因为她给自己设置了一个全新的目标——用更快的速度进行数据统计。于是，她通过钻研Excel软件，把数据统计的时间不断地压缩，琢磨出了一套提升统计效率的方法。在这个不断战胜难题的过程中，她产生了源源不断的心流体验。

2. 为无趣的工作赋予全新的意义

一位在营业厅工作的朋友，他的工作其实就是接待各种各样不同的客户。他的很多同事都觉得这份工作压力很大，尤其是每天都会遇到很多怒气冲冲的人。而我的这位朋友则为这项看似无趣的工作赋予了全新的意义，他对我说：“和人打交道的工作，最能锻炼一个人的情商了，所以我要借助这份工作好好提升自己的情商。毕竟，通过工作锻炼出来的能力是终身跟着自己的。”

有了这样的认知，每次营业厅里出现了不好应对的客户，他都会主动迎上去，然后使出浑身解数帮助客户解决问题。在这个过程中，他既能感受到挑战，又能产生心流体验。

时间久了，他在处理客户关系方面的能力得到了提高，还因此获得了晋升。后来，他被不同的公司请去讲课，专门帮助企业培训员工和客户打交道的技巧。他的职业生涯道路因此不断跃迁，他的职业幸福感指数也不断提高。

3. 尝试在工作中发挥个人优势

一位大学辅导员，她刚工作没多久，非常不擅长当众讲话，于是过来向我请教。她对我说，每次站在学生面前的时候，她就很容易紧张。她担心自己这样发展下去，会在同学们面前没了威信。她甚至开始怀疑，自己并不适合做这份工作。

在和这位辅导员聊天的过程中，我发现和她交谈很舒服，因为她属于同理心很强的人，会给对方很多回应，也非常擅长倾听。也就是说，一对一沟通是她的一个重要优势。于是，我建议她在增强公众演讲能力的同时，也多发挥自己的优势——通过采用和学生谈话或谈心的方式去开展教育工作。毕竟，无论是当众讲话，还是一对一交谈，都是为了走进学生内心，从而对学生施加一些积极的影响。

后来，这位辅导员给我发信息说，自从她开始发挥优势——花费更多的时间去和学生进行一对一的交谈之后，学生对她变得更加信赖了。她再走上讲台讲话的时候，台下的学生更愿意给她积极的回应了。慢慢地，她不像以前那般害怕上讲台讲话了。她还考虑报名参加上海市学校心理咨询师的考试，进一步强化自己“面对面沟通”的优势，从而在工作中获得更多的心流体验。

如何在休闲活动中创造更多的心流体验

一个人如果做了很多的尝试后，依然无法在工作中创造更多的心流体验，其实也没有太大的关系。因为除了工作，我们还有很多时间用来娱乐和休闲。如果我们可以充分利用娱乐和休闲的时间，那么我们依然可以把自己的生活过得丰富多彩。

那么，如何才能在休闲活动中创造出更多的心流体验呢？要想回答这个问题，我们首先要搞清楚一对概念——主动式休闲和被动式休闲。①

所谓主动式休闲，是指需要付出一定的努力的休闲方式。虽然这种休闲方式看起来并不轻松，但是很容易带来心流体验。比如，读一本书并不轻松，因为你要忍住身边的种种诱惑，不能频繁地看手机。但是，你一旦克服了种种障碍，把整本书读完，并且学到了很多新知识或者让自己的精神得到陶冶的时候，那种满足感和充实感是妙不可言的。

所谓被动式休闲，是指那种不需要付出努力的休闲方式，比如，刷手机短视频、浏览八卦新闻、坐在沙发上看电视等。因为这种休闲方式不需要付出努力就可以轻松做到，所以它无法带来真正的心流体验，有时还会使人陷入精神上的空虚。

为什么主动式休闲能带来心流体验，而被动式休闲却无法带来心流体验？这和前面所讲到的心流体验产生的三个条件有很大的关系。主动式休闲，往往需要给自己设定一个休闲的目标，同时整个过程会有即时的反馈，而且在休闲的过程中个人的能力也要和挑战差不多水平相当。

比如，在小区门口附近，有一拨人特别喜欢下象棋，对于这些爱好下象棋的人来说，这就是一项主动式休闲活动，并且很容易产生心流体验。因为下象棋的人有一个明确的目标——赢了对手；每一步棋走得好或者走得坏都会有及时的反馈——吃掉对方的棋子就

① ［美］契可森米哈赖.专注的快乐：我们如何投入地活[M].陈秀娟，译.北京：中信出版社，2011：80-83.

是下棋过程中一件特别令人兴奋的事情；而且一定要找和自己水平相当的人下象棋才最过瘾，那样个人能力和挑战差不多，这也是产生心流体验的一个重要条件。

在明确了主动式休闲和被动式休闲的区别之后，我们在闲暇的时光里，就要尽可能多地去尝试主动式休闲，从而让自己的休闲时光闪闪发光，而不是仅仅满足于漫无目的的“平躺”。

我们也可以尝试列出一份自己专属的“主动式休闲清单”，当我们在不知道该干点什么事情放松一下的时候，可以快速地找到方向。接下来，我和大家分享一下自己的主动式休闲清单。

第一，每天完成10000步的走路步数目标、定期爬山、定期参加学校的教职工篮球活动。

第二，看励志类、生活类的电影，或者彰显人性的纪录片。

第三，不带功利性目的地去读一些小说，以及其他的能够拓展知识面的好书。

第四，按时收听有趣的知识类音频节目。

第五，写自己感兴趣的文章。

亲爱的朋友，你的“主动式休闲清单”是什么呢？

思维09

培养恰如其分的自尊心，变得更加自爱与自信

自尊的三个重要支柱

入职不久的小丽，接到了部门领导安排的一个任务——负责策划和组织公司的一场年会。

对于小丽来说，这个任务有些超出她的能力极限了，但她是一个好胜心比较强的人，不肯轻易承认自己不行。于是，她就勉强答应了下来，并着手开始准备。然而，这个任务真正执行起来，比小丽想象的要困难很多。因为它涉及好几个部门的协调和统筹，而小丽又是个新人，很多公司的老员工都有“欺生”的心理，会有意无意地为难小丽。

总之，小丽遇到了不少阻力和困难，可她没有跟领导汇报，因为她担心领导会觉得她能力不足。可是，问题不会因为隐瞒而消

失。在年会彩排的时候，领导来到现场了解进度。结果可想而知，由于前期准备不够充分，彩排效果没有达到领导的预期。

领导把小丽叫到一边，对小丽提出了几点改进建议。小丽出于惯性，拿出笔记本准备记录。领导有些生气，对着小丽不耐烦地说：“这个时候还记什么笔记，就这几条建议，用大脑还记不住吗？赶快去落实啊！”

看到领导这么生气，小丽一下子慌了神，眼泪瞬间夺眶而出。她有些恨自己，当初为什么非要硬着头皮接下这样一个难度很大的任务；同时，她又觉得自己很没用，因为她得到了领导的否定；最后，她甚至产生了辞职的冲动，因为她觉得自己没有办法胜任目前岗位的工作了。

其实，小丽所产生的上述反应，都属于自尊程度较低的表现。在《恰如其分的自尊》一书中，作者克里斯托夫·安德烈提出，自尊有三个重要的支柱，分别是自爱、自我评价和自信。①

所谓自爱，是指无论遇到什么样的挫折，无论自己表现好坏，内心都会有个声音告诉自己：“我是值得被爱的。”自爱的人，会在遇到困难的时候和自己站在一边，而非不停地进行自我攻击。所谓自我评价，是指对自我优缺点的评估，拥有积极自我评价的人，即使遭遇了别人的否定，也不会轻易看轻自己。所谓自信，是指相

① ［法］克里斯托夫·安德烈，弗朗索瓦·勒洛尔.恰如其分的自尊[M].周行，译.北京：生活书店出版有限公司，2015：7.

信自己有能力完成一定的挑战。不自信的人，在遇到困难的时候就很容易往后退缩。①

回到上述案例中，我们可以设想一下，假如小丽是一个自尊程度较高的人，可能就很难被领导打击到了。同样面对来自领导的批评，自尊程度较高的人，会进行自我安慰。或许她会告诉自己："刚入职就遇到这么大的挑战，真是太不容易了，自己其实已经很努力了，不必太灰心，要继续加油。"这就是自爱的一种表现。接下来，她会选择进行积极的自我评价。或许她会对自己说："虽然在这件事情上我做得不够好，但是我自己并不是一个毫无价值的人，我的优点在这次活动中还未得到展露，而进行组织、协调、策划又恰恰是我的弱点，所以我才会受到批评。"这是进行积极自我评价的一种表现。而自尊程度较高的人，会鼓起迎难而上的勇气，或许她会问自己这样一个问题："如果想让现状变得好一点，我可以采取哪些行动？"然后，她会通过更加积极的行动，最终把这次活动做得比预想的还要成功。

自尊，在一个人进行人际交往的过程中发挥着重要的作用。一个人如果自尊程度太低，就很容易在人际交往的过程中受到伤害。当然，自尊程度过高也会产生一些不利的影响，比如自尊程度过高

① [法] 克里斯托夫·安德烈，弗朗索瓦·勒洛尔.恰如其分的自尊[M].周行，译.北京：生活书店出版有限公司，2015：7–13.

的人容易显得狂妄自大、过分固执等。[①]因此，我们需要的是一种恰如其分的自尊。

那我们如何从自尊的三个支柱出发，帮助自尊程度较低的人有效地提升自尊水平？

学会自爱：停止自我攻击和自我贬低

如果你的朋友遇到了挫折，你会如何去安慰他？我想大多数人都能想到的答案是，告诉他已经尽力了，不要太苛求自己，别因为伤心而忘记照顾自己的身体。但是当我们自己遇到打击的时候，有多少人能够给予自己及时的关爱呢？对于一个自尊程度较低的人来说，他很快就会发动一场自我攻击，陷入源源不断的自我谴责中。

凡事追求完美的人，尤其容易陷入对自我的攻击过程。比如，一个人在完成了一段演讲后，别人都过来恭喜他，说他讲得很不错。但是这个演讲的人却对自己刚刚在演讲过程中所犯的一个错误而耿耿于怀，不停地责怪自己表现得不够完美。

1. 停止自我攻击

在自己遇到挫折的时候，我们最应当做的就是和自己站在一边。擅长自我攻击的人，内心总会出现一种严厉的声音，第一时间

① [法] 克里斯托夫·安德烈，弗朗索瓦·勒洛尔.恰如其分的自尊[M].周行，译.北京：生活书店出版有限公司，2015：56-61.

站出来批评自己。这种严厉的声音，也许来自童年严厉的父母——小时候，父母对孩子比较严厉，经常批评孩子。等到孩子长大后，即使父母不在身边了，但父母的声音已经被内化，也随时会站出来把他批评一番。

对于擅长攻击自己的人来说，应该尝试在心中培养另外一个充满关爱的声音，比如，可以经常在心里默念下面这几句话："我已经尽力了，可以放过自己了。""是人就会犯错，不要总是对自己要求那么高。""即使做得不完美，我也依然值得被爱。""休息一天并不会让我失败，我应该更加善待自己。"

2. 停止自我贬低

当别人夸你的时候，你通常会如何反应？很多人会这样说，"不行不行，没有你厉害"，或者"过奖了，比你差远了"。当然，如果仅仅是口头上的谦虚，还可以理解；但如果内心真的总是这么想，就有问题了。因为这种回应的实质，就是在进行自我贬低——通过贬低自己抬高别人。

这里我们做更深层次的分析，善于自我贬低的人，内心都存在这样一种心理模式——我不好—你好。

具有这种心理模式的人，往往都是自尊程度比较低的人。而且，他们在与人交往的过程中会感觉在精神上严重内耗，因为他们总是不断地贬低自己。而每一次的贬低，都是对自我生命能量的一次消耗。

以前的我，就是一个具有“我不好—你好”心理模式的人。每次参加饭局，只要饭局中有比我稍微厉害一点的人，我就不想去参加。因为只要参加了这种饭局，我就会忍不住通过贬低自己去抬高别人，这种行为太令我心累。

好在一个人的心理模式是可以通过深刻反省而改变的。当我觉知自己属于“我不好—你好”的心理模式后，我就努力把自己往“我好—你好”的心理模式去塑造。这是惯于自我贬低的人提升自尊程度的一个重要步骤。

所谓“我好—你好”的心理模式，是指对自己更加自爱和自信，也对别人充满欣赏之情。拥有这种心理模式的人，在欣赏他人和欣赏自己之间找到了一个平衡。投入这种人际交往模式中的时候，一个人不会感觉特别心累。

现在的我，即使去见比自己厉害的人，也不会那么恐慌了。因为我会不断给自己加油打气：“对方很厉害，但是我也很棒。所以我没有必要妄自菲薄，更不需要费尽心思地通过贬低自己去抬高对方。”

你在人际关系中能够感受到自己是受到滋养而不是受到损耗的时候，才算拥有了恰到好处的人际关系。这也能从侧面说明，你不再总是进行自我贬低，同时具备了恰如其分的自尊。

那么，当别人夸奖你的时候，如何回应对方才不算自我贬低呢？这个答案很简单，你只要回应一句“谢谢夸奖”就可以了。这表示你接受了对方的赞赏，同时意味着你是一个爱自己的人。

积极稳定的自我评价：不再害怕别人的否定

有一次，一位微信订阅号的读者问了我一些问题。但我花时间所做的回答，并没达到她的预期。于是，她就发信息对我说："什么狗屁心理老师！"

我没有做任何回复和争辩，只是把这个陌生人拉黑了。虽然我认真地回答了这位陌生读者的提问，却没有得到她的认同，我感到很遗憾。但是我不会为她对我的负面评判感到一丝难过，因为我已对自己持有一种相对积极的评价。我知道自己的优势和劣势，不会轻易地否定自己。我也知道我的价值是内在的且稳定的，不会因为一个人的否定就马上失去什么。

做到这一点，离不开这些年我在心理层面的不断修炼。要知道，之前的我，可不是这样的。

大概十年之前，在刚刚参加工作的那段时间，我很容易因为别人的一句夸奖而满心欢喜，也很容易因为别人一句否定的话而觉得自己一无是处。因此，那时的我非常渴望得到别人的肯定，也特别担心自己在工作中犯错误、被领导批评。

我每天都过得提心吊胆，我的情绪总是处于高低起伏的过程中。这背后的原因很好理解——因为当我把评判自身价值的权利交给别人的时候，也就顺便把掌控情绪的缰绳交给了别人。

随着自我认识的不断深入，渐渐地，我对自己有了一个稳定、客观的认知，别人的评价就不会那么容易左右我的情绪了。我们如果缺乏一个清晰的自我认知，就很容易受到别人的影响，渴望得到别人的认同，害怕得到别人的否定。

要想形成恰如其分的自尊，我们就必须不断加深对自我的认知，形成一种相对积极稳定的自我评价。

首先，要明确自己的优势和劣势。只看到自己优势的人，很容易变得自大和自负。而只看到自己劣势的人，很容易感觉自卑和自怜。我们只有同时明确自己的优势和劣势，才能做到不卑不亢，培养出恰如其分的自尊。

其次，要接纳自己的劣势。接纳自己劣势的一个关键点就是要明白，没有人是十全十美的，劣势只是我们个性的一部分。与此同时，劣势和优势就像一枚硬币的正反面，劣势有时也在提醒我们的优势。原来的我，不太喜欢自己偏敏感的性格，因为我觉得这种性格让我容易多想，而且活得很累。后来，我接纳了自己偏敏感的性格。因为我发现，正是偏敏感的性格，才让我在写作的时候文思泉涌，才让我对心理学如此着迷。

最后，要重视自己的优势。很多人对自己的劣势非常清楚，但是对自己的优势却不甚了解。而根据积极心理学的相关理念，一个人若想获得更加幸福的生活，就要找到自己的优势，并且在生活和工作中尽可能多地去发挥自己的优势。所以，我们一定要重视自己的优势，看到自己与众不同的一面，不要总是觉得别人比自己厉害，这样才不会妄自菲薄。我们甚至应该把自己的优势写在记事本里，有空的时候就拿出来翻阅，不断地提醒和激励自己。

变得更加自信：努力增加自己的成功经验

所谓自信，通常是指一个人对自己是否有能力完成某一项挑战的预测和判断。一个自信的人，在与人交往的过程中自带光芒和气场。而一个不自信的人，在与人交往的过程中会显得怯懦和慌张。那么，我们该如何判断一个人是否足够自信呢？

有一次，我和一位博士生导师一起吃饭，听这位老师分享了他如何判断一个学生是否足够自信的方法。他说，在每年面试博士研究生的时候，他只要对面试者指出一个小小的不足，就能快速判断这个学生是否自信了。自信的学生，敢于大方地承认自己的不足，也愿意接受别人的建议，因为小的建议并不会影响他们的自尊，他们依然会觉得自己是一个十分有价值的人。而不自信的学生，往往防御意识很强，会把别人的负面评价当作一种攻击以及对个人价值的否定，因此他们会不断地找各种理由进行辩解，不停地去维护自己，有人甚至会带着怒气当众反驳面试老师的观点。

这位博士生导师通常会在综合判定后，同等条件下更倾向于录取那些更加自信的学生。他说，根据他的经验，更加自信的学生，往往情绪比较稳定，读博士研究生期间抗压能力比较强，不太容易出现心理问题。

听完这位博士生导师的话，我不由得感叹自信对一个人的重要性。那么，我们该如何做才能有效地提升自信心呢？心理学家班杜拉曾经提出过一个自我效能感理论——这个理论对我们科学提升自信心具有十分重要的启发。

根据自我效能感理论，就一个人的自信心提升来说，最重要的一个影响因素就是个人的成败经验[①]。也就是说，一个人在某一方面积累的成功经验越多，那么他在这个方面就会显得更加自信；一个人在某个方面积累的成功经验太少，那么他在这个方面就会显得不够自信。

比如，有的男生在和女生说话的时候就会显得缺乏自信，除了天生羞涩，其实也和他在这方面积累的成功经验太少有很大关系。而我很少有这方面的困惑，因为我从小就经常和表姐、表妹一起玩耍，在和女生打交道方面积累了很多成功的经验。不过，由于父爱的缺失，在我的成长经历中，很少有和成年男性打交道的经验，所以即使在我长大之后，每次和成年男性打交道，尤其是和权威人士（男性）打交道，我也会感觉很不自在，有些紧张。

特别幸运的是，在我读硕士研究生和博士研究生的时候，遇到了两位特别和蔼的男性导师，在学习和生活中，他们给了我无微不至的关心。在和他们相处的过程中，我慢慢积累了一些和成年男性，尤其是权威人士打交道的成功经验。刚开始的时候，坐在导师旁边，我很容易紧张，感觉浑身不自在。后来，我发现自己可以和导师特别自如地交谈了。这些成功的经验，我也顺利地迁移到了职

---

①360百科.自我效能感[EB/OL].[2021-08-19].https://baike.so.com/doc/6131830-6344990.html.

场上，工作后就不再那么害怕与男性领导打交道了。

既然增加成功经验是提升自信的最好方式，那么如何做才能增加成功经验呢？下面这个答案可能会令你有点吃惊，但这却是事实——成功经验往往来自失败经验。

比如，现在的我，在当众演讲方面积累了很多成功经验。在过去几年中，小到十几人的会场，大到几百人的会场，我都有现场分享心理学知识的经历。所以，我在当众演讲方面很少会打怵，有时候我甚至会产生一种听众越多越兴奋的感觉。

然而，如果退回到18岁之前，我根本无法想象我会在演讲方面如此自信。在18岁之前，我最害怕的一件事情就是当众讲话。读高中的时候，我最害怕的就是被老师提问。每次老师提问的时候，我就感觉自己的心脏都快要从胸腔里跳出来了。还记得刚刚读大学那一年，当时我在校园里向一个师姐问路，我紧张得都结巴了，话都说不完整。那个尴尬的场景我到现在还记得。那么，到底发生了什么事情，让我在演讲方面变得如此自信了呢？

这就不得不说我在大学期间做的一件最不后悔的事情了——我参加了班干部竞选，并且当上了班长。自从当上了班长，我就有了海量的当众发言机会：有时候，我要给同学们开班会；有时候我要代表班级发言；有时候，我要把收到的一些通知转达给同学们。

刚开始的时候，我表现得非常糟糕。在我刚读大学的时候，手机还未普及，很多通知都是靠口头传达的。有时候，几句话就能讲清楚的通知，我颠三倒四，要花很长时间才能给同学们讲清楚。每次面对班级同学的时候，我很容易感到紧张、害怕，有时候甚至紧张得两腿发抖。但是随着时间的推移，我在当众讲话时变得越来越自信了，甚至开始慢慢享受当众讲话的过程。虽然我也有失败的经验，但是我积累的成功经验越来越多。

在做心理咨询的过程中，我经常会跟来访者谈到一个理念——越害怕什么，就越要去做什么。

害怕做一件事情，往往是因为我们害怕做这件事情的时候会失败。但是越害怕失败，不敢尝试，我们就越无法在这件事情上积累成功的经验，进而就会变得更加不自信。而唯有鼓起迎难而上的勇气，我们才能从失败开始，不断吸取经验教训，然后慢慢拥有一些成功的经验，最终培养出真正的自信。

我们可以这样简要概括提升自信的方法——自信来自成功的经验，而成功的经验来自对失败经验的反思和超越。因此，比失败更加可怕的是不敢去尝试，无法鼓起迎难而上的勇气，最终错过成长的机会。

思维10
温柔又坚定地表达自己，不做没脾气的老好人

人际沟通的度：既不能太压抑，又不能太放纵

我们共同来设想这样一个场景——假如你现在正在游乐园门口排队等候入场，忽然有一对父子插队排在你的前面。此时此刻，你会做何反应？

通常来说，人们这时一般会有两种不同的反应。

第一种反应是，虽然心里很不爽，但是会选择忍气吞声。因为这一类人会在心里想："出来玩最重要的就是图个好心情，万一和对方争吵起来，不好收场怎么办？"

第二种反应，选择出面制止这对父子的插队行为。选择这一类反应的人，往往内心的公平正义感很强，喜欢打抱不平。他们或许会厉声呵斥插队者："太没素质了吧！你这样怎么给孩子做榜

样？”可以想象，由于感觉自己被羞辱了，插队的父亲肯定会拼命反击，然后和制止插队者吵成一团。

其实，以上两种反应都是我们在面对人际冲突时容易采取的典型的不合理应对方式。第一种反应方式属于过度压抑型，而第二种反应方式则属于过度放纵型。

在职场中，我们也经常容易做出上述两种类型的错误反应。比如，开会的时候，你正在向领导汇报一个项目的进展情况，但是在汇报的过程中，你频频被领导打断——他不断质疑你的工作思路。这个时候，有的人会忍气吞声，装作若无其事地继续汇报工作。但是会议结束之后，这个人的心情会持续低落，他反复咀嚼领导说过的话，有一股怨气在心中不断积累。

而有的人则会当场和领导叫板，明确告诉领导：“请你不要频繁打断我的话，可以吗？我的想法您都没有完整地听完就开始评判，我觉得您这样一点都不尊重我的劳动成果！”听完此人的话，领导很生气，整个会议室的气氛都僵住了。

我通过两个案例分析了两种错误的人际沟通方式——过度压抑和过度放纵。这两种错误的沟通方式具体有哪些不妥之处，以及会带来哪些具体的危害呢？

1. 在人际沟通中过度压抑自己的危害

我们通常会将那些在职场上不敢表达自己情绪的人称为“老好人”。老好人通常都无法得到别人的真正尊重。因为在别人的眼中，老好人是没有脾气的人，谁都可以随意地使唤他们。而老好人被随意使唤久了，心中的怨气越积越深，最终有可能来一次大爆发，惊吓到他们身边所有的人。

其实，每个人都有情绪。从表面上看，老好人好像是没有情绪的人，即使受到不公平待遇，也不会轻易地展示出来，那是因为他们非常善于压抑情绪和隔离情绪。

对于压抑情绪这个词，大家可能都不陌生。老好人选择压抑情绪的一个重要原因是，他们感觉自己所产生的负面情绪（如愤怒情绪）是有害的、会伤人，所以要阻止这种情绪蹦出来，以免破坏人际关系。

而所谓隔离情绪，是指不去感受自己的负面情绪，使自己变成一个麻木的人。但我们的情绪不会因为压抑和隔离而自动消失。每一份被压抑和隔离的情绪，都会隐藏在心底，不停地消耗我们的心理能量。所以，经常压抑情绪的人，容易感觉心累。

果尔达·梅厄曾经说过："那些不知道用整颗心去哭泣的人，也不会知道如何开怀大笑。"我们选择了压抑负面情绪，也会丧失对快乐的感受能力。所以，压抑情绪，是一种不成熟的心理防御机制。

除了心理层面的危害，经常压抑情绪还会造成对身体方面的损害。在心理学上，我们会将那种擅长压抑自己、爱生闷气、不敢表达自己情绪的人格特质称为"癌症性格"。[①]虽然精神和心理层面的

---

①郑日昌.情绪管理压力应对[M].北京：机械工业出版社，2008：16.

原因并不是导致癌症的直接原因，但是这些被压抑的消极情绪会影响和降低一个人的免疫力，从而增加癌症的发生概率。

一个人在人际沟通中总是压抑自己的感受，不敢表达自己，最终很容易让情绪陷入一种恶性循环。你越压抑自己，不敢表达自己，别人就越容易侵犯你的个人界限，你就不得不将更多的怒气和怨气压抑在心底，任由这些怒气和怨气不断地消耗自己的心理能量。

2. 在人际沟通中过度放纵自己的危害

在人际交往过程中，很多人属于心直口快型，遇到一些看不惯或者让自己心里感觉不爽的事情，会选择马上把自己的愤怒和怨气表达出来。然而，这种沟通方式，很容易把事情搞得更加糟糕。

有一次，我在所带的班级微信群里收到学生发来的一条信息。学生在群里询问："老师，这学期的补考到底安排在什么时间啊？"那段时间，我杂事缠身，一看到这条信息，就感到一股无名火涌上心头。前几天，关于考试安排的时间我已经在群里通知过两次了。这位同学可能懒得去看这些信息，当他需要了解信息的时候，就马上在群里询问。我感觉自己付出的劳动没有得到尊重，又觉得这种"遇到事情就做伸手党"的做法非常不可取，就非常简单粗暴地在群里回复了一句："你去翻一下群聊天记录，不要凡事都做伸手党，要学会自己的事情自己做！"

把情绪发泄了出来，我当时感觉心里是爽了。但是我忽略了两点：第一，不应该在群里公开批评一位学生；第二，大学生的自尊心都很强，很要面子，这样做会让他下不来台。

这位同学也在群里毫不客气地回复我：“你如果不想告诉我答案就直说，没必要讲一堆道理。另外，老师你自己还给别人讲情绪管理的课程，请先把你自己的愤怒情绪管理好吧。”

看到这位同学的信息，我的大脑马上一片空白，我没想到他会如此出言不逊，这让我感觉很受伤害。好在我快速冷静了下来，没有在群里和这位同学继续互相谴责。这么多年过去了，这位同学在群里的回复我还记忆犹新。

如果再次处理同样的事情，我可能会选择另外一种沟通方式。我会在收到这位同学的提问之后，通过私信和他进行一番交流：先告诉他问题的答案，然后顺便嘱咐一句，今后记得及时查看群里的通知，不要每次都做伸手党。

实际上，在后来的工作中，每当遇到学生问我之前曾经讲过的事情的时候，我都会采取这种应对方式，先告诉对方答案，再对其进行一番教育和叮嘱，告诉这一类学生要养成独立解决问题的能力。事实证明，采用这种温柔又坚定的方式去和学生沟通后，大部分学生都会接受老师善意的提醒，学会今后自己主动寻找答案。

在人际沟通过程中，一方过于放纵自己的情绪，或者采取相对暴力的沟通方式，很容易对双方关系造成永久性的或者不可逆的损伤，进而切断沟通的渠道，最终导致难以挽回的局面。在十多年的职场经验中，我曾见过不少非常有才华的同辈人，但是他们当中有几个人因为性子太急、太刚烈，遇事很容易冲动，给身边的人留下了一种暴脾气的印象，为职业发展埋下了很多隐患。

也许有人会问，我这个人性子就是很急，遇到事情很容易生气上火，如果非要把这些冲动压在心里，我会感觉整个人都憋坏了，该怎么办?

假如我们能够学会温柔又坚定地表达自己，我们就很容易找到一种合理的方式去宣泄自己的情绪。这样去做，不仅可以做到维护自己的边界，还不会对他人的感受造成伤害。

温柔地表达自己：拥有同理心

要想学会温柔地表达自己，我们首先需要拥有同理心。所谓“同理心”，主要是指一个人能够站在对方的立场上去考虑问题的能力。当你能够走出自己的世界，做到设身处地地去为对方考虑的时候，就可以说你具备了同理心。

明白同理心的概念并不难，难的是如何在实践中去运用同理心。要想更好地践行同理心，我觉得至少要做到以下三点：

第一，以平等的姿态对待对方；

第二，了解对方的真实想法和真实感受；

第三，寻找双方的共同利益。

只有在做到上述三点的基础上，你才能让对方感受到你是理解对方的。也只有这样做，你才能为双方在后续沟通中达到相应的目标做一个良好的铺垫。下面，我通过两个例子来说明一下，如何在日常沟通中有效践行同理心。

比如，我在之前做行政工作的时候，经常会遇到学生旷课的情况。这些经常旷课的大学生，让很多老师十分头疼。那么面对这部分学生，老师怎样同他们沟通才能展现出同理心呢？有的老师习惯一上来就劈头盖脸地批评学生一顿：“你自己说说，这都是我第几次跟你说旷课的问题了？这样下去，你到底还想不想毕业了？”这种沟通方式，很容易激起学生的逆反心理，可能老师话还没说完，学生就把电话挂断了。

我们如果套用前面讲到的践行同理心的三个方法，就可以尝试和学生进行以下沟通。

首先，我们不要以居高临下的姿态去批评学生，而应以平等的姿态和学生谈心。毕竟，那些经常旷课的学生往往已经受到过很多批评，因此他们并不缺少一个批评他们的人，而是缺少一个走进他们内心的人。其次，作为老师，我们可以选择用朋友的口吻去了解学生的真实想法和真实感受。例如，“最近你经常旷课，是不是遇到什么困难了？是身体不舒服吗？还是学习压力太大了？”老师若选择以这样的方式和学生交谈，很少会引起学生的逆反。有的学生在感受到老师的真诚之后，很可能会把自己目前面临的困难向老师诉说，从而促进问题的最终解决。最后，老师要尝试寻找双方的共同利益。从根本上说，老师督促学生去上课，本质目的就是促进学生的学习。而学生来到大学读书，也怀揣着同样的目的。老师如果能够围绕这个共同目的去做一些努力，就可以争取到学生的配合。

例如，有的学生之所以会旷课，是因为晚上经常睡得太晚。这个时候，如果老师和学生一起分析一下晚睡的原因，以及就如何养成良好的作息等问题进行深入的探讨，学生是愿意做出改变的。因为学生能从这个过程中感受到，老师是在为他的个人成长考虑，而不仅仅是为了完成管理任务。

前些日子，我的朋友老王建了一个粉丝群，每天他都会和粉丝朋友们在群里聊一些与个人成长相关的话题。当时，老王也让我加入了群聊。

开始的时候，群里的氛围还算不错，大家讨论得还挺热烈的。但是有一位粉丝朋友开始在群里发广告链接，让群里的其他伙伴都感觉有些不舒服。老王提醒了这位粉丝朋友一次，后来这位粉丝朋友又发了一条广告链接。因为这位粉丝朋友觉得，他发的并不是广告，而是在把好的东西分享给大家。那么，老王是怎么处理这件事情的呢？

我的朋友老王是一个情商非常高的人。当时他没有选择简单粗暴的方式去处理这件事情——直接把这位粉丝移出群聊，而是运用我们刚刚提到的践行同理心的三个原则去和这位粉丝朋友做了一番沟通。

首先，他没有以居高临下的姿态去指责这位粉丝朋友，而是以平等的姿态去和这位粉丝朋友聊天。其次，他认真询问了这位粉丝朋友在群里发广告的真实想法和真实感受。原来这位粉丝朋友也没有什么特别的想法，只不过他是做销售出身，出于一种职业惯性，会忍不住把自己认为好的一些东西和大家分享。最后，老王找到了和这位粉丝朋友之间的共同利益。老王告诉这位粉丝朋友："这个群里的人，大都对广告链接比较反感，你这样直接发广告，效果也不太好，已经有群友跟我说比较反感你的这种做法了，所以我想先把你移出群聊。我觉得你可以把广告链接发到自己的朋友圈里，对产品感兴趣的朋友自然会购买。当然，以后如果我个人有相关需求，我会首先考虑从你这里购买。你看可以吗？"就这样，这位发广告的粉丝朋友主动退出了群聊。

不过，我们在运用同理心进行沟通的时候，有两种情况容易导致沟通失败：第一，我们没有把对方当作平等的对象来看待；第二，我们根本就不关心对方的目标，只关心自己的目标是否能够尽快达成。如果我们能注意这两点，就很容易和沟通的另外一方达成合作的态度。①

坚定地表达自己：捍卫自己的边界

前些日子，家里空调坏了，我联系了维修公司上门维修。结果

① [美] 科里·帕特森，约瑟夫·格雷尼，戴维·马克斯菲尔德，等.关键冲突：如何化人际关系危机为合作共赢[M] .2版.毕崇毅，译.北京：机械工业出版社，2017：73.

来的两个维修师傅调试了好几次，也没修好。上门之前，维修师傅收取了200元押金，并承诺说修不好的话会将押金全额退还。

后来，维修师傅联系我说，空调虽然没修好，但是还是要收取一定的上门费和高空作业费，因为大热天的他们两次上门维修，非常不容易。

我觉得这个要求有些不合理。如果换作以前的我，很可能会选择忍气吞声，然后向家里人抱怨一下。但是这一次，我尝试温柔又坚定地表达自己的想法，告诉维修师傅：

“大热的天，上门维修空调确实不容易。但是之前你们明确跟我说，空调没修好，分文不取。现在空调没修好，你却说要收我的钱，我感觉这笔钱交得很冤枉。我希望你们能够信守承诺。”

沟通的整个过程，我一直平心静气，将心比心，也没有表现得咄咄逼人。挂掉电话之后，维修师傅很快就退还了所有的押金。

其实，在上述沟通过程中，我所运用的一个沟通方法就是XYZ法则——这个法则可以帮助我们更加坚定地表达自己。很好理解，XYZ法则，就是一个行为步骤的公式——你做了X，我感到Y，我希望你能做Z。

回到这篇文章开头所提到的那对父子插队的案例中，如果是你在场，你会如何同那对插队的父子沟通？

我们同样可以尝试运用XYZ法则进行沟通。比如，“不好意思，你们可能没有注意到，你们现在正在插队，而我们在这里已经排队等了半个小时了（X），如果你们直接这样插队，我觉得对正在排队的人来说很不公平（Y），希望你们站到队伍的后面去（Z）。”

我们可以体会一下，这样和对方沟通，是不是比较容易取得更好的沟通效果？因为当我们在运用XYZ法则进行沟通的时候，往往是基于事实（X）进行谈话，然后通过谈自己的感受（Y）引起对方的同理心，最后通过指出行动方向（Z）促进问题的解决。

我们若采用了上述沟通方式，没有人身攻击，只有就事论事，整个过程没有无端的指责，就可以有效地避免让冲突不断升级。与此同时，这种沟通方式还可以有效地促进我们表达自己内心的真实感受，而不是选择沉默——即使自己感到异常愤怒和委屈，也无法鼓起表达自己感受的勇气。

对于那些总是压抑自己感受的人来说，如果想要鼓起沟通的勇气，就要完成一项重要的认知升级——不是所有的拒绝都带有伤害性质。我们完全可以尝试一种“不带敌意的拒绝”——我拒绝你，并不是因为我想伤害你，只是因为我们处在平等的位置上，我完全有权对侵犯自己边界的行为说一个充满力量感的字——不。

在现实生活中，很多人从来都搞不懂为什么有人会默默忍受，他们通常会选择更加粗暴的方式去沟通。比如，他们会直接开骂：“瞧瞧，这人脸皮有多厚，这家人是多么的没素质。”这样一来，很容易让挨骂的一方充满防御意识，从而使冲突不断升级，最终两败俱伤。

而所谓温柔又坚定地表达自己，就是要在尊重别人的感受和尊重自己的感受之间找到一个平衡点。我们带着同理心去和对方沟通，是为了尊重别人的感受；把自己的不满以一种合理的方式表达出来，是为了尊重自己的感受。只有当别人的感受和自己的感受都得到了有效的尊重，这样的沟通才比较容易达到双赢的效果。

思维11

敢于大胆提出个人请求，胜过长期默默的努力

敢提请求，永远是一个加分项

有一次，我因为要出版一本书稿，需要和合作方签订一份出版合同。我是一个做事比较谨慎的人，所以很担心合同中会有一些对自己不利的条款。在签合同之前，我花了很长时间认真阅读合同中的所有内容，生怕自己吃了哑巴亏。

然而，纵使我看得再认真，依然会有一些合同条款我不是很有把握，心里有些担忧。看着我愁眉苦脸的样子，我的家人就提了一个建议："为什么不请一位懂法律的人来帮帮你呢？"

于是，我请了一位律师朋友帮我审合同，没想到这个小小的请求一下子就减轻了我的心理负担。因为他学习的是法律专业，对合同中容易出现的一些问题了然于胸，三下五除二就给我讲清了合同

中的风险点，并且告诉我有哪些条款还需要联系合作方去做进一步的修改。由于这位朋友所给的建议都很专业，合作方觉得我在签合同方面经验很丰富，于是在一些双方存在分歧的地方做了让步。

很多人都有这样一个心理倾向——遇到自己并不熟悉的知识领域的问题，首先考虑如何独自去解决，不愿意去麻烦别人，也不好意思向别人提出请求。拥有这种心理倾向的人，往往是害怕欠别人“人情债”，因此在一定程度上有些逃避人际交往。

然而，从长远的角度来看，凡事都不愿意向别人提出请求，可能会有更大的损失。因为他们很难借助别人的智慧去做事情，同时很容易丧失一些解决问题的资源，最终导致一个人闷头苦干好长一段时间，也没能解决问题。

而善于向别人提出请求的人，则走了一条捷径。他们可以在短时间内收集到很多促使问题解决的资源，在借助他人智慧和经验的基础上，更快地解决问题，从而达到事半功倍的效果。

知道我有读博士的经历，不少学弟或学妹向我咨询过考博的相关问题。在这些学弟学妹中，有一位学妹让我印象特别深刻。在考博之前，她通过朋友的朋友要到了我的联系方式。其他的学弟学妹，出于客气和礼貌，以及读书人的矜持，基本上就问一两个问题，但是这位学妹锲而不舍地问了我很多问题。

我工作太忙，偶尔会忘记回答她的问题，但是她会锲而不舍地换一种更加委婉的方式再问一遍。见她如此执着，我每次都耐心作答。她通过一次又一次的提问，几乎把我知道的关于考博的所有经验都问了出来。

令我惊讶的是，这个学妹仅仅用了一年时间准备和复习，就考上了博士研究生。要知道，很多人（包括我在内），是花了好几年时间备考才考上的。当然，这里面还有其他因素的影响。但是，“敢于不断向别人提出请求，积极主动地借鉴别人的经验”，这一点，绝对是一个加分项。

到目前为止，我已出版了四本书。就销量而言，我所写的第二本书《情绪掌控，决定你的人生格局》卖得最好，曾经排在当当网励志类新书热卖榜的前几位，上市三个月的时间内就加印了两次。后来我认真反思了一下，难道是因为第二本书的质量比其他几本书的质量明显更好吗？

未必。每一本书，我都花费了大量的时间和精力认真写作。同时，这几本书的名字也都是经过编辑和我的反复商讨精心打磨出来的。那么，为什么第二本书会卖得更好呢？

从我个人的角度来分析，是因为在出版第二本书的时候，我放下了读书人的清高，厚着脸皮向身边很多人推荐了自己的书，并且请求他们帮忙宣传和推荐这本书。比如，我厚着脸皮把自己的新书上市信息发到了各个同学群，请求他们帮忙转发新书链接；我还厚着脸皮请求那些文笔厉害的好友帮忙写高质量的书评，从而扩大这本书的影响力；我甚至连家里的亲戚朋友都动员了起来，请求他们在朋友圈转发我的新书信息。

在向别人提出请求的过程中，我也被一些人拒绝过。比如，我在把书寄给某位朋友之后，希望他能帮忙写一篇书评，结果对方再也不回复我的任何信息了。当然，大部分朋友对我提出的请求都给了积极的回复，并且愿意帮我去宣传这本书。出版社的老师看到我作为作者都如此努力，也努力为我争取了更多的营销资源。这样，这本书在上市初期就积攒了足够多的势能，最终推动了这本书的销量不断攀升。这一切，都是因为我在那段时间鼓起了“就算被拒绝，也要大胆向别人提出请求”的勇气。

敢提请求，能够有效缓解心理压力

比起向别人提出请求，很多人更喜欢自己闷头苦干，因为他们害怕被别人拒绝。而被别人拒绝之后，就意味着丢了面子，还意味着个人的自尊心受到了伤害，自身的价值也可能会受到贬损。

但是，和丢面子这类潜在风险相比，敢于提出请求的好处就太多了。作为心智成熟的成年人，做事情之前都应该进行一番利弊分析。我们在意识到提出请求的巨大好处后，就要鼓起充足的勇气，大胆地向他人提出请求。下面，我就分别介绍一下提出请求的三大好处：有效缓解心理压力、获得更多的回报、赢得别人的尊重。

1. 有效缓解心理压力

前面文章中提到的那位学妹，她通过锲而不舍的询问，快速又全面地了解了考博及读博的相关注意事项。通过积极地向过来人

请教，她避免了独自一人浪费时间去探索，走一些没有必要走的弯路，有效减轻了她在备考过程中可能会出现的心理压力。

只要环顾四周，我们就会发现，那些很容易在生活或工作中背负很大心理压力的人，大都是不懂得及时向别人求助的人。他们中有不少人都有“闭门造车”的习惯——他们宁肯一个人钻研问题很长时间，独自面对各种复杂的问题，也不愿意“屈尊”向别人提出请求。

这种“不敢大胆提出请求”的习惯，会使一个人无法充分调动和利用身边的有利资源，从而长时间地陷入孤军奋战，心理上所感受到的压力也始终得不到任何减缓。

前段时间，我换了一份新的工作。虽然这份工作的内容和性质都是我所喜欢的，但是来到新的单位，我面临着很多全新的挑战，感受到不小的压力。

比如，我需要适应全新的工作环境和人际关系，需要在短时间内完成两门新开课程的备课，还需要站稳讲台，让自己所讲授的课程得到学生的认可。

为了快速地适应新环境，减轻心理上的压力，我鼓起勇气大胆地向身边的老师提出请求。比如，我努力结识新的朋友，然后请求这些朋友带我熟悉学校环境，并对我如何适应学校环境予以指点；向有经验的老师请教，请求他们在备课以及上课方面传授给我一些宝贵的经验。

经过不断地提出请求，我在短时间内得到不少人的帮助，有的老师慷慨地把自己的教学参考资料和我分享，有的老师专门拿出时间和我一起备课……有了他们的帮助，我快速地适应了新环境和新角色。

2. 获得更多的回报

我的一位好朋友，在一家知名民企做老总的助理，他向我分享了由于大胆提出请求帮助他实现了升职加薪的经历。

我的这位好朋友，属于那种任劳任怨、做人做事都特别踏实的人。平时他是老总的得力干将，帮老总解决了不少工作和生活中的难题。为了督促老总养成健身的习惯，他还特意买了和老总同款的运动手环，坚持每天陪老总一起走够一万步。

就是这样一位任劳任怨的下属，工资却连续几年都没有得到太大的提升。有一次，他陪老总出去见客户，为了陪好客户，他一个人喝了一大瓶红酒。老总马上向他投来赞许的眼神。借着酒劲，他鼓起勇气向老总提出请求："张总，今年公司很多员工都涨工资了，我的工资是否也能涨一点？"

老总听到这个请求后，先是很惊讶，因为他一直以为我的这位朋友也在上一轮涨工资的名单中。第二天，老总直接打电话给人力资源部的负责人，让我这位朋友的工资一下子有了一个很大幅度的提升。

3. 赢得别人的尊重

几年前，我和家人一起外出时住在酒店。那家酒店在网上的评分很不错，我们全家人便想借此机会体验一下。走进酒店后，我们也确实发现这家酒店的服务特别棒。

比如，服务员一直带着笑脸，房间里面还有电动窗帘、迎宾水果和糕点等。一切体验都是如此美好，直到晚上12点左右，全家人要关灯睡觉的时候才发现，因为订的房间是高层景观房，有一扇窗户无法彻底关闭，留着一条缝隙，所以房间里面始终能听到让人心神不宁的风噪声。

我想马上换房间，但是家人劝我大半夜的不要给别人添麻烦了。但是我觉得好不容易出来玩一次，就应该住得舒心一点，该提要求时还得提出要求，便打电话给前台要求更换房间。事情进展得远比我们想象得要顺利。虽然已是深夜，但是酒店马上派人前来检查了房间，并且承认是酒店方的问题，然后很快给我们更换了房间。

第二天，在我们离开酒店的时候，前台接待人员非常客气，还特别感谢我们给他们提出的建议，说今后他们会更加认真地检查房间，从而给顾客提供更好的入住体验。作为感谢和致歉，酒店还专门赠送了一个纪念水杯。走出酒店的那一刻，我发现，敢于提出请求，是可以赢得别人的尊重的。

提出请求之前，请牢记这三个要点

读到这里，也许有人也想鼓起勇气，大胆地提出自己的请求。在你行动之前，请记住提出请求的三个要点。

1.提出的请求要明确又具体

每一个人的时间都很宝贵，没有人有义务花很长时间去思考你的真正需求是什么。所以，我们在提请求的时候，一定要努力做到明确又具体。

我经常会收到微信订阅号读者发来的一些心理方面的求助信息。例如，“老师，我感到心里很烦，该怎么办？”对于这种求助信息，我是没有办法回复的，因为我不清楚这位读者遇到了什么样的心理困惑。

而有一些读者就会很清晰地提出自己的请求。对于这一类请求，我就非常愿意花时间去解答。例如，“老师，最近我感觉工作压力很大，因为我觉得自己不懂得如何进行时间管理，总是无意识地拖延去做那些真正重要的事情。针对这种情况，您能给我推荐几本书看看吗？”

2.尝试摸清对方的心理底线

如果你向在大街上偶然遇到的一个陌生人借100元钱，成功的概率是非常低的，你甚至会被当成骗子。但是假如你在乘坐公交车的时候忘记带硬币，需要向身边的人借一元钱的时候，就很容易成功。

这是因为，每个人在面对他人的请求的时候，都有一个心理底线。你提出的请求只有在对方的底线范围内，才容易被满足。因此，我们在提出请求的时候，要清楚对方的心理底线，在此基础上提出请求，才比较容易取得成功。

3. 做好被拒绝的心理准备

无论我们在提出请求之前做了多少思考、鼓起了多少勇气，我们提出的请求都依然有可能会被别人拒绝。就好像你来到一个陌生的地方，随机向迎面走来的人问路，总有人会热心地帮助你，也总有人会冷冰冰地对你说“不知道”。

在面对别人的拒绝的时候，很多人在非理性思维的作用下，容易陷入自责中，容易以偏概全，容易给自己贴标签。这个时候我们一定要做好心理建设。我们需要牢记的是，一次被拒绝并不能说明你就是一个不被别人喜欢的人，也不能说明你今后会一直被别人拒绝，更不能说明你就是一个失败者。

只要你提出的请求并不过分，在面对拒绝的时候，你就需要给自己不断加油打气，告诉自己：“多提出几次请求试试，成功的概率肯定会不断提升的。”很多事情都遵循这样一个原理——尝试得越多，积累的经验越多，成功的概率就越大。

最后，我想通过小时候发生在自己身上的一个案例来讲一讲，如何在提出请求的过程中综合运用上述三个要点。

在读小学的时候，我特别想加入学校刚刚成立的数学课后兴趣班。这个兴趣班会教一些比平常上课时更难一点的内容。在大多数同学眼中，加入这个兴趣班是一种荣耀。但是由于我的数学成绩不是特别好，当时没有资格加入这个兴趣班，我因此感觉特别失落。

我想，我一定要好好努力，当我把数学成绩考入班级前十名的时候，再跟老师提要求加入兴趣班。

然而，有一天放学的时候，我遇到一位数学成绩比我还差一点的同学在走廊上对老师软磨硬泡地说："老师，您就给我个机会让我加入兴趣班吧，我真的很喜欢学数学。"我当时的第一个想法就是，他一定是白费劲，老师肯定不同意，因为我的数学成绩比他还要好，都还没机会加入兴趣班，更别提他了。

没想到，数学老师竟同意了这位同学的请求，对这位同学说："我可以同意你加入兴趣班，但是你要好好努力。"看到这一幕之后，我快步凑上前去问数学老师："老师，那我也可以参加这个兴趣班吗？从本周开始可以吗？"

数学老师既然已经同意了一个成绩比我还差一点的同学加入了兴趣班，就没有理由拒绝我的请求了。就这样，凭借这次请求，我比原定计划提前不少时间加入了数学兴趣班。

回顾这次经历，我所提出的请求之所以能够被老师爽快答应，就在于以下三点：第一，我所提出的请求明确又具体——我向老师提出的请求不仅是"是否可以加入兴趣班"，而且是"是否本周就可以加入兴趣班”；第二，我也摸清了老师的心理底线——通过老师与那位同学的对话，我了解到，即使数学成绩差一点，只要表现出积极的学习态度，就有机会加入兴趣班；第三，我也做好了被拒绝的准备——即使老师不同意我这次加入兴趣班，我也会询问老师拒绝我的原因，依然可以通过刻苦努力提升自己的数学成绩，争取下一次考试结束后再加入兴趣班。

加入数学兴趣班后，我有了一种如鱼得水般的感觉，每天我都会花很长时间“攻克”老师出的数学难题，充分享受到了思考和解决数学问题的乐趣。

亲爱的读者，在你的生活中，现在面临着一些难题吗？你是否考虑过，先从提出一个请求开始，然后慢慢找到破解某个难题的契机？祝你好运！

思维12

用心经营社会支持系统，不要让自己活成“孤岛”

没有人是一座“孤岛”：我们都需要他人的关心和支持

我先问你两个问题：第一，当你遇到困难的时候，是否有人愿意及时赶来帮助你或者安慰你？第二，当你心情低落的时候，是否有一个朋友或者家人可以让你毫无顾忌地去倾诉衷肠？

对于以上两个问题，如果你的答案都是肯定的，那么恭喜你，这说明你拥有一个良好的社会支持系统。

什么是社会支持系统呢？简单来讲，就是指当我们遇到困难和挑战的时候，那些能够为我们提供物质上的帮助或者精神上的支持的人。一般来说，一个幸福的家庭或者一些交往不错的朋友，都属于我们的社会支持系统。

前段时间，儿子从床上摔了下来，手臂骨折了。通过这件事情，我很快就感受到了社会支持系统的重要性。单位里的同事让我不要心急，说工作上的一些事情他们会帮我顶着。几个好兄弟也前来询问孩子住院的情况，问我在哪些方面可以帮上忙。儿子出院后，邻居和好朋友纷纷过来看望，带来了水果和各种祝福。

人在脆弱的时候，特别容易被这些善意的行为感动。逢年过节的时候，你收到祝福短信并不会觉得有什么特别的，但是在自己真的遇到困难的时候，好朋友发来的问候短信，以及提供的一些力所能及的帮助，会让你感动很长一段时间。更加重要的是，我们一家人在这个过程中也彼此支持、互相理解，整个家庭的凝聚力因此变得比以前更强，觉得生活中没有什么困难是不可战胜的。

一个良好的社会支持系统之所以会为一个人带来如此多的积极体验，是因为人的本质属性便是社会属性。一个人只有融入社会中，才会找到存在感和价值感。与此同时，稳固的社会支持系统可以帮助我们在危险来临的时候更好地面对压力、抵御风险。一个人经常性地感觉自己是有人支持，而不是孤立无援的时候，无论是从精神层面还是身体健康层面，都可以得到很好的滋养，因此他有更大的可能性会过得更加幸福和健康。

2010年，美国的一项研究发现，与那些社会支持系统较弱的人相比，拥有强大的社会支持系统的人死亡率降低了50%。[①]而一项针

①英国DK出版社.压力心理学[M].安林红，秦广萍，译.北京：电子工业出版社，2019：176.

对位于美国、日本、意大利三个长寿社区的居民的研究发现，这些长寿社区的居民有五个共同之处，其中排在前两位的分别是——以家庭为重，以及积极参与社交活动。[①]积极心理学的相关研究也发现：“非常幸福的人和一般人、不幸福的人之间最大的差别在于前者有着非常充实丰富的社交生活。”[②]

既然社会支持系统对我们的身体健康和心理幸福都发挥着如此重要的作用，那我就从经营朋友关系和家庭关系两个方面入手，讲讲到底应该如何打造属于自己的社会支持系统。

经营好朋友关系：你想要什么，就先给出去

只要环顾四周，我们就很容易发现，那些特别受欢迎的人有一个共同的特点——乐于付出、善于给予。比如，那些经常在朋友圈给别人点赞的人，他自己发的朋友圈底下往往也有不少人点赞；而那些平时很少给别人点赞的人，他的朋友圈底下往往点赞者寥寥。

那么，为什么善于给予的人更受欢迎呢？从心理学的角度来分析，因为每个人的心里都有一种互惠的本能——当别人给予我们某些帮助或者好处之后，我们也会忍不住找机会去回馈这些帮助或

---

① [美] 索尼娅·柳博米尔斯基.幸福有方法[M].周芳芳，译.北京：中信出版社，2014：118.

② [美] 马丁·塞利格曼.真实的幸福[M].洪兰，译.沈阳：万卷出版公司，2010：63.

者好处。而善于给予的人，由于经常去帮助别人，在遇到困难的时候，自然就会得到来自别人的更多帮助，所以他就更受欢迎。

有一次，我在同学群里发现了一件有趣的事情。那天，小A在群里发了一个红包，希望大家帮忙做一个调查问卷，结果群里一片死寂，无人回应。原因很简单，毕业这么多年，小A很少在群里发言，别人发信息的时候，她也很少回复，如今她在有求于别人的时候才想起到群里求助，所以大家都不理她。

没过几天，同学小B在群里发了一个投票链接。原来，她女儿正在参加一个英语演讲比赛，需要大家帮忙投票，拉拉人气。群里的同学纷纷帮忙投票，还自动排队把投票的截图晒在群里面。后来，有几位同学还和小B在群里聊起了育儿经验，群里面一下子变得很热闹。

为什么小B这么受欢迎呢？因为小B是一个热心肠。群里每当有人提出问题的时候，小B总是尽己所能地去回复。而且，小B经常给老同学的朋友圈点赞。这就使很多人对小B都有一种亏欠感，所以当小B需要帮助的时候，大家都抢着去帮她。

人际交往的法则有很多，我个人觉得最重要的一条就是，一个人首先要学会给予。一个人只要学会了给予，就会开启一种人际交往的良性循环。你给予别人的越多，那么你得到的也就越多。

在学校给学生上课的时候，我经常安排一个“学生课堂分享”的环节。刚开始，我发现每当有学生在台上分享的时候，台下经常有学生不认真听。这时我就会和这样的学生分享上述道理，告诉他们：“如果你们希望自己在台上演讲的时候，台下的同学能够认真倾听，就请你们先学会认真倾听台上同学的演讲。如果你们希望自己的演讲可以得到台下同学的掌声，就请你们先学会把自己热烈的掌声给出去。总之，如果你们想得到别人的尊重，就先把你们的尊重给出去。”

大部分学生都是很有悟性的，一旦他们听明白这个道理，就会很快进入倾听的状态，给台上演讲的同学积极的反馈以及热情的掌声。如此一来，在课堂上，很快就能形成一个良性的循环，大家都会选择互相鼓励，这样轮到自己上台演讲的时候，就不会太冷场。

在明确了人际交往中“学会给予”的重要性之后，我们再来看看，除了物质层面的帮助，我们还可以给予对方哪些精神层面的支持。这些精神层面上的支持，有时比物质层面的给予更为重要，可以帮助我们同他人建立更加深厚的友谊。

根据所学知识和以往经验，我认为可以通过积极的倾听、真诚的赞美、“走心”的安慰三个方面去给予他人精神层面的支持。

1. 积极的倾听

每个人最宝贵的东西就是时间，当我们愿意花费自己的时间倾听别人吐露心声的时候，我们就是在送给对方一件最为宝贵的礼物。也许每个人都知道倾听的重要性，但是真正的倾听却是说起来容易做起来难。

在日常生活中，我们不难见到两个人表面上交谈得很热烈，但实际上没有任何一方在认真倾听的场景——两个人都在聊各自感兴趣的话题，当一个人在说话的时候，另外一个人假装在听，他或许在想接下来自己该说些什么。从本质上说，这只不过是在上演一出两个人的轮番独白罢了。

要想做到积极倾听，我们首先需要完成一种思想上的转变——对别人抱有一颗好奇心。每个人都是独特的，他们或许都有我们不知道的故事或者奇特的经历，同时每个人或许都有一些值得我们学习的地方。我们只要愿意抱有一种空杯的心态去了解对方、倾听对方，就很容易获得很多全新的收获。

要想做到积极倾听，除了完成思想上的转变，我们还应当学习一点实用的沟通技巧。在日常生活中，我自己经常使用的两项积极沟通的技巧是“释意”和“情感反应”。这两项技术，也是心理咨询师在做咨询时经常使用的倾听技巧。

所谓“释意”，是指将对方所表达的意思，经过你的个人理解后再反馈给对方的过程。[①]比如，你的好朋友对你说：“最近我感觉很烦，回到家之后，我老婆一会儿看我这不顺眼，一会儿看我那不顺眼。”这时你就可以运用“释意”这项技巧，回复对方：“你是不是有点被你老婆搞得不知所措了？”你的朋友可能会狠狠地点头对你说：“你真的太了解我了。”

---

①江光荣.心理咨询的理论与实务[M]. 2版.北京：高等教育出版社，2012：146.

所谓“情感反应”，是指重现对方的情绪感受。[①]也许一个人会跟你说很多话，但是在这些话的背后，其实隐藏着很多情绪，如果你能了解对方的这些情绪感受，就很容易走进对方的心里。比如，你的朋友向你倾诉，他的妈妈一直在催他结婚，他也知道妈妈是为他好，但是他目前还不想结婚。说完之后，他笑了一下。这个时候，你就可以运用“情感反应”的沟通技巧，回复对方：“虽然你在笑，但是我能感觉到你笑得很苦。”听你这样说，你的朋友就能感觉到你是在认真倾听他说话，此刻会因被理解而感动。

2. 真诚的赞美

在这个世界上，每个人都在寻找一种存在感。而对一个人存在感的最高肯定，就是找出这个人在乎的优势，并真诚地赞美他。

我的一位朋友Lucy，一直以自己的穿衣品位为傲。她总是能准确把握当年流行服饰的款式、颜色，懂得如何穿搭更好看。当你跟她聊天的时候，只要聊到穿搭这件事，她马上就会两眼放光。你若再对她在穿衣方面的鉴赏力进行一番赞美，那么她一定会拉上你兴致勃勃地聊好长一段时间。

仔细盘点一下身边很要好的几个朋友，我发现我们几个人只要

---

①江光荣.心理咨询的理论与实务[M]. 2版.北京：高等教育出版社，2012：146.

一聚会，就会相互给予真诚的赞美。因为大家相处的时间已经很长了，对各自的优势都很清楚。对于我们而言，每次聚会就是一次能量加油。

我们几个人只要一见面，就会聊起最近发生在各自身上的一些事情，而大部分事情都会和各自的优势密切相关。比如，老朋友M每次都会聊起他最近在学术方面做出的一些最新的探索；老朋友F会说起他在管理工作方面悟出的一些心得体会；而老朋友C则会对未来经济发展的趋势进行一番极具洞察力的推测……每个人发言结束，都会得到大家的真心称赞，在聚会中找到自己特有的存在感。

也许有人会说，发现对方的优势有些难。其实，我们只要愿意沉下心来多去了解和倾听对方，就很容易发现对方的优势，因为人们往往会在交谈的过程中有意或无意地流露出自己与众不同的一面。而且对于自己擅长的事情，人们也很容易无意识地多次谈起。而我们需要做的就是，找到对方的优势，并真诚地称赞他。

值得一提的是，并不是所有人在受到赞美的时候都可以做到愉快地接纳，尤其是那些自尊程度较低的人。由于自尊程度较低的人对自己的评价也较低，所以你的赞美有时候会让他们感到尴尬或者羞涩。

有一次，在走进教室上课之前，我对一位很年轻的保安师傅说："你每天早上都站在这里迎接上课的学生，真的是很敬业啊！"那位保安师傅平时对我都是笑脸相迎，可是这一次，他在听到我对他的赞美之后，收起了笑脸，没有做出任何的回应就转身走开了。所以，我们在准备给出真诚的赞美的时候，也要做好对方可能完全不接纳的心理准备。

3. “走心”的安慰

如果说真诚的赞美是锦上添花的话，那么“走心”的安慰就是雪中送炭了。你的朋友在心情低落的时候，如果能够得到你走心的安慰，你们之间的情谊就很容易因此加深。毕竟，锦上添花的人很多，但是雪中送炭的人很少。

在朋友心情低落的时候，我们给予对方及时的安慰并不难，难的是走进对方的内心，给予对方走心的安慰。我们先来看看几种常见的不走心的安慰方式：

第一，看轻事物的重要性；

第二，火上浇油式的评判；

第三，自恋式提建议。

比如，当你的朋友向你倾诉：“今天实在太不走运，被领导批评了。”如果你回复：“这有啥大不了的，被领导说两句不是很正常嘛！”这种回复方式就属于“看轻事物的重要性”，朋友的感受被严重忽略了。如果你回复：“你啊，就是太直性子了，总是喜欢和别人硬杠，一旦得罪了领导，你今后还怎么混啊！”这种回复方式就属于“火上浇油式的评判”。本来你的朋友受到领导批评已经很难受了，被你这么一说，心情变得更不好了。如果你回复：“在这方面我有经验啊，你好好听我说说，到底应该如何和领导相处。”这种回复方式就属于“自恋式提建议”。你的朋友本来只希望找个人倾诉一下内心的难过，结果倾诉的过程被你打断，不得不听你讲很多他早已知道的大道理，顿时心里感觉更难过了。

那么，这个时候你到底该怎样去安慰对方，才算走心的安慰呢?

第一，试着了解对方真正的观点；

第二，明确对方的真实感受；

第三，在上述基础上给予对方积极的回应。

面对被领导批评这件事情，你的朋友的真正观点可能是觉得领导不对，不应该批评他；也可能是他觉得自己不对，没有把事情做好。持有两种不同的观点，他会表现出完全不同的态度：如果觉得是领导不对，他可能会感到气愤；而如果觉得是自己不对，他可能会感到自责。我们只有明确了朋友的真正观点和真实感受，才能做到有的放矢，给予对方恰到好处的安慰，让说出来的话真正地走进他的心坎。

我们若学会了经营朋友关系的一些方法和技巧，对如何经营好家庭关系便会更加得心应手，因为两者有很多相通的地方。比如，在经营家庭的过程中，我们也需要学会给予另一半精神层面上的支持，包括积极的倾听、真诚的赞美和“走心”的安慰。

经营好家庭关系：爱，是一个动词

前些日子，我和几位心理咨询师朋友讨论了一个话题——心理咨询师在处理家庭关系的时候，是否会从容不迫、游刃有余？毕竟心理咨询师接受过专业的训练，懂得很多沟通技巧，也知道如何运用自己的同理心，可以对自我的情绪做到很好的觉察。而以上这些都是经营好亲密关系的重要基础。

然而，在讨论的过程中，我们几个人很快就冷静了下来。因为我们马上就想到身边的几位朋友，他们懂得很多心理学的知识，但是家庭关系却经营得并不理想，有的人婚姻还亮起了红灯。那么，问题到底出在了哪里呢？

也许电影《后会无期》中的一句台词已经给出了答案：“知道了很多道理，却依旧无法过好一生。”关于爱的道理，我们懂得再多，如果不去践行，到头来一切就是一场空。

很多人把客气、礼貌、同理心都留给了领导、同事或者客户，回到家之后，耐心耗得差不多了，所以干脆选择最简单粗暴的方式与家人进行沟通。我的一位朋友，他对待另一半的态度总是很差，因为他觉得自己在外面打工很辛苦，承受了很大的压力，所以偶尔发发脾气也没什么大不了的。直到有一天，另一半对他说想要离婚，才让他认识到了问题的严重性。

其实，和经营好朋友关系相比，经营好家庭关系还需要一项重要的修炼——把“爱”看作一个动词。我们需要通过持续的积极行动，去表达自己的爱、传递自己的爱，把自己温柔、善良、美好的一面多留给家人一点。当然，这就需要一个人在面对家人的时候更加自律——这种自律可以持久性地滋润家庭关系。

为了把“爱是一个动词”这个理念更好地贯彻到经营家庭关系中，我还想和大家分享三点建议。

1. 不要盲目付出，看到伴侣的真实需求

在感情中，盲目付出很容易。但是，盲目付出，有时候很容易出现费力不讨好的情况。

比如，一个男人为了帮老婆分摊一点负担，回家就吭哧吭哧做了很多事情，然而老婆心里想的却是，你竟然没有夸我今天新穿的这条裙子有多漂亮。再比如，一个男人给老婆买了一个名牌包包，然后就愉快地坐在沙发上玩手机，想象着老婆肯定会非常开心，但是老婆心里却希望丈夫能多花点时间陪她聊聊天，了解她一天的经历和内心的真实感受。

在两性关系中，之所以会出现上述种种吃力不讨好的情况，就在于付出的一方完全没有考虑和顾及对方的真实需求和感受，因为只有能够有效满足对方需求的付出，才会收到真正的回报。

那么，如何才能更好地了解另一半的真正需求是什么，从而避免盲目付出呢？在这个问题上，《爱的五种语言》一书或许可以给我们一些启发。在这本书中，作者盖瑞·查普曼介绍了爱的语言主要有以下五种：肯定的语言、精心的时刻、有意义的礼物、服务的行动和身体的接触。[①]我们可以借助这五种爱的语言了解另一半的真实需求。

我们可以拿出一点时间和另一半谈谈，了解他／她最在乎的爱的语言是什么。有的人就喜欢听肯定的语言。比如，妻子在辛辛苦苦准备完一桌子菜之后，特别希望听到丈夫说一句“老婆辛苦了”或者“饭菜做得很香”。有的人就喜欢一些精心的时刻。比如，自己在感到烦恼、想要倾诉的时候，此时如果另一半愿意一心一意地倾听，对自己给予及时的关注，心里就会觉得很暖。有的人就喜欢有意义的礼物。比如，在生日、结婚纪念日收到礼物，就会觉得对方在心里一直惦记着自己。有的人就喜欢另一半多帮自己分担一些家务，哪怕是在厨房打个下手，而不是一直坐在沙发上玩手机。有的人就喜欢身体上的接触，认为牵手、拥抱、亲吻等行为才是表达爱的方式。

以上述五种爱的语言为线索，我们可以尝试了解对方的真正需求，再有针对性地付出，促进两个人的感情不断升温。

2. 可以有争吵，但要遵循一定的原则

在两性关系中，争吵几乎是一件不可避免的事情。有的人把争吵直接定性为一件十分糟糕的事情，认为争吵是对完美爱情的否定，所以就回避和压抑争吵，让负面情绪在心中持续发酵和积累。

---

① ［美］盖瑞·查普曼.爱的五种语言[M].王云良，陈曦，译.南昌：江西人民出版社，2018：128.

这样一来，要么会让家庭关系变得更加紧张，要么导致更加猛烈的争吵。而有的人则把争吵当作家常便饭，很容易因一件小事而发怒，和另一半三天两头地争吵、互相谴责，这样不仅伤害了对方的感情，如果家里有孩子，对孩子的心理也会造成很大的伤害。

因此，争吵并不可怕，可怕的是没有原则地争吵。我们如果能够遵循一定的原则，就可以让争吵变得有意义。那么，在争吵的时候，我们有哪些原则可以遵循呢？在《心理学与我：领你进入心理学的世界》一书中，作者分享了有关争吵的十项原则。

每次只为一件事情争吵——不要总是翻旧账；不要当“肇事司机”——不要说完伤人的话之后就摔门而去；尽量保持声音平静——不要大吼大叫；坚持事实——不要夸大对方的问题，说一些“你总是不考虑我的感受”这样充满负面情绪的话；不要陷入谴责之争——不要把所有的问题都归咎于对方；不要假装沉默——要说出自己不开心的真正原因，而不是一直让对方去猜测；当感觉争吵快要失去控制的时候，进行“计时隔离”——等到双方情绪都平静下来后再进行沟通；寻找双赢的解决方式——对于最亲密的人来说，我们永远无法通过吵架的方式去战胜另一方；避免说狠话和互相威胁——“不行咱们就离婚”，这种话实在是太伤人了；禁止暴力——这是争吵中最重要的一条底线。①

---

①［美］阿普里尔·奥康奈尔，文森特·奥康奈尔，洛伊斯·孔茨.心理学与我：领你进入心理学的世界[M].王飞雪等，译.北京：中国人民大学出版社，2011：229-231.

3. 形成一些良好的家庭习惯，并坚持践行

如同一株盆栽植物需要被精心呵护才会枝繁叶茂一样，经营家庭关系也需要付出持续的努力。我们如果能够形成一些良好的家庭习惯，并坚持践行，就有助于形成稳固的家庭支持系统。

我们可以根据自己的具体情况，逐渐摸索和形成一些良好的家庭习惯。比如，很多家庭的女主人，对于做饭这件事情经常会倍感压力。一下班，她们就急匆匆地钻进厨房做饭，做完饭之后还要做一些其他家务。

这时，男人可以主动伸出援手，到厨房帮着女人打打下手。或者每周固定一天出去吃晚饭，趁机好好聊聊天。这些做法，都可以有效缓解女人身上的压力，男人也会因此受益。

我有一个习惯，就是关灯之后和妻子聊聊天，回顾一下白天各自单位所发生的一些事情，同时给予妻子一些及时的安慰和理解，让妻子压在心底的一些负面情绪得到有效释放，这样做也非常有利于睡眠。

我的一位朋友，他有一个习惯——给另一半充分的自主权，家庭的事多由妻子做主。我的这位朋友属于比较喜欢较真的人，很容易因为一些小事和妻子发生争吵。后来，他觉得这样吵来吵去太浪费时间和精力了，还会破坏夫妻感情。

于是，朋友就下定决心，今后多听妻子的，如周末选择去哪家餐厅吃饭，孩子要选择去上哪个培训班等。这个决定，让我的朋友瞬间得到了解放，不再频繁和妻子吵架。同时，妻子由于在家庭当

中得到了很多的自主权，在一些大事上，也愿意听取丈夫的建议。这样一来，朋友的家庭关系一下子变得比之前和睦了很多。

总之，我们只有愿意花时间去经营家庭，才能拥有一个温暖的港湾，让自己在感到身心疲惫的时候可以有地方停靠，补给能量。一个人的能量一旦可以得到充分补给，在遇到打击的时候，就会拥有更强的心理韧性，不会轻易被困难打倒。

思维13

识别人生脚本，走出命运的限定

人生是一场电影，导演是我们自己

国外有一个杀人犯，他在连杀两人之后被警察抓捕归案。在记者前去采访时，这个杀人犯进行了一番令人动容的倾诉。

他出生于一个支离破碎的家庭，父亲酗酒，经常在喝醉之后暴打母亲，父亲就靠偷东西养活他们一家人。所以，这个杀人犯在7岁的时候就开始模仿父亲的样子偷盗，一步步沦落为杀人犯。最后，他对记者说了这样一句话："出生于这样一个支离破碎的家庭，我还能成为什么样的人呢？"

而这个杀人犯还有一个双胞胎哥哥。记者在了解了这个情况之后，马上去采访了他的双胞胎哥哥。令这位记者感到特别惊讶的是，哥哥的人生和弟弟天差地别。他的哥哥是当地一位十分有名望的律师，还在市政委员会兼有重要职位，拥有一个幸福美满的家庭，养育着两个可爱的孩子。

记者问他的哥哥："您是如何一步一步发展到今天的？"哥哥讲了和杀人犯弟弟几乎同样的故事，但他说了和弟弟略有不同的一句话："出生于这样一个支离破碎的家庭，如果我不去加倍努力改变，还能去做什么呢？"①

出生于同样一个家庭，哥哥弟弟的人生发展却截然不同。面对人生中遇到的挫折、苦难，有的人将其看成命运的不公，自暴自弃，最终迎来一个悲惨的结局；而有的人则将其看作上天磨炼自己的机会，加倍努力，最终迎来一个美好的结局。

如果把人生看作一部电影，这部电影真正的导演不是命运，而是我们自己。

有一次，我在微博上看到一个热门话题的投票："如果把自己的一生拍成电影，你会把它拍成喜剧还是悲剧？"

我也参与了这个话题投票。数据显示有3万多人参与了这个投票，其中，有1.9万人选择了喜剧，有1.1万人选择了悲剧。

3万人中有1万多人选择了悲剧，我觉得这个结果还挺恐怖的。因为参与投票的大部分人是年轻人，他们的人生才刚刚开始，却怀有这样悲观的期待，那么往后的人生，很可能就会按照这种悲剧的路线去发展。

---

①［德］博多·舍费尔.财务自由之路[M].刘欢，译.北京：现代出版社，2017：17.

这绝对不是危言耸听，因为每个人的大脑里都有一个人生脚本。这个人生脚本，很大程度上会指引我们一生的发展。

“人生脚本”是心理学领域的一个概念，最初是由加拿大心理学家埃里克·伯恩提出的，具体含义为：我们在童年时期所形成的，对自己一生的规划。①

人生脚本，有时来自意识层面，有时来自潜意识层面，但不管我们是否意识得到，我们大都会不自觉地按照自己所形成的人生脚本去过一生。

我们如果将人生脚本设置成一出悲剧，就很容易放大人生中的痛苦，忽略人生中那些积极的事件，也很少会采取积极的行动去和命运抗争，最终真的会将人生活成一出悲剧。

反之，我们如果将人生脚本设置成一出喜剧，就会对未来始终充满积极的期待，即使遇到一些困难、挫折，我们也会采用自嘲、变得更加努力等方式，将这些逆境所带来的悲伤情绪化解掉，不会轻易地自暴自弃，最终为人生迎来一个美好的结局。

当然，人生脚本不是只有喜剧和悲剧两种，比如，它还可能是一部励志剧。这种励志剧的人生脚本，在周星驰的电影中经常会出现。一个小人物，开始的时候被别人看不起，被生活反复蹂躏，受尽各种各样的屈辱，最后经过努力奋斗，成为一个特别厉害的大

---

①［美］伯恩.人生脚本：说完“你好”，说什么？[M].周司丽，译.北京：中国轻工业出版社，2016：30.

人物。

这种励志剧情，其实也是周星驰人生的真实写照。周星驰从小在单亲家庭中长大，家境普通。在进入演艺行业之前，他摆过地摊、到五金厂打过工、在酒楼卖过虾饺、骑自行车卖过报纸。

但即使如此艰难，周星驰也一直心怀着一个“与众不同”的人生脚本，始终觉得自己能成大事。周星驰从小到大的好朋友梁朝伟曾说过：“那时的周星驰喜欢整天做白日梦，他一直幻想着自己能成为大明星。”

正是这个与众不同的人生脚本，帮助周星驰熬过了很多艰难的岁月。他在跑龙套、当配角、看不到希望的日子里，还一直坚持鼓励自己。他每天坚持早起，对着镜子给自己加油打气，想象着自己成为主角的样子，斗志满满、毫不气馁。

后来，他的人生真的按照自己的人生脚本去发展了，他成了大明星、当了大导演，还把自己刚入行时遭遇的种种坎坷和挫折拍成了一部电影《喜剧之王》。

我们不妨设想一下，假如周星驰在脑海中设置了一个“悲剧型”的人生脚本，那么当他遭遇种种坎坷的时候，当他长时间跑龙套的时候，就很难咬牙坚持下来，甚至会自暴自弃。可以说，周星驰在影视界所取得的成功，和他给自己设定的“励志型”的人生脚本有着密切的关系。

不幸福的人生，可能都是由自己导演的

我曾遇到过很多感觉自己不幸福的人，他们经常被各种各样的负面情绪环绕。究其原因，就在于他们的人生脚本中包含着“我不配幸福”几个字。

这种悲观的人生脚本往往形成于童年时期，人们根据自己的人生经历以及对这些经历的悲观解释，形成了对人生的悲观预期，在无意识中给自己的生活设置了种种挑战或障碍。

比如，一个觉得自己不配幸福的人，即使自己身处幸福之中，也会经常起疑心，折腾出点事情检验自己的配偶对自己的忠心。或者，这类人经常会为一点儿小事大动肝火，说很多狠话，检验配偶对自己是否足够包容。开始的时候，配偶还能保持耐心；时间久了，配偶烦了，说“离婚吧”。于是，这类人就得出结论：“从一开始，我就知道，我们的婚姻无法长久，因为我觉得自己不配幸福。”其实，这一切早已蕴含在这类人给自己设置的“我不配幸福”的人生脚本中。

有一段时间，我在反思自己的过程中发现，自己的人生脚本中也有“不配幸福”的倾向。

在这种人生脚本的推动下，每当我在人生中取得一些小小的成就的时候，我总是不敢大胆享受，会快速说服自己要保持冷静、保持忧患意识，因为我担心只要由着自己开心，就会马上迎来坏运气。我能想到的一些人生经历中值得庆祝的时刻，几乎都是在愁眉

苦脸中度过的。比如，终于在上海安了家，在拿到新房子钥匙的时候，我却愁眉苦脸，担心每月还房贷的压力太大；当我历经千辛万苦，终于拿到博士学位的时候，我却愁眉苦脸，担心自己是否能够凭借这个学位找到一份真正能够发挥自身优势的工作。

李白诗云："人生得意须尽欢，莫使金樽空对月。"我却总是无法享受人生中的幸福时刻，就因为觉得自己没有资格享受幸福。当一个目标达成之后，我通常不会给自己留下一点多余的时间去享受生活，而是快速地给自己设置下一个目标，匆匆忙忙地开始下一段征程。

我总是在内心里告诉自己，等到完成下一个目标，就可以好好放松一下了。但是等到下一个目标真正达成的时候，我又马上朝着一个崭新的目标奔去。这种忙忙碌碌奔赴下一个目标的本质，就是觉得自己不配过上安逸幸福的生活。

那么，这种人生脚本是怎样形成的呢？我觉得这和我的童年经历以及我对童年经历偏悲观的解释风格有很大关系。小时候，父母在外地做生意。虽然爷爷奶奶对我也很好，但我还是特别渴望得到父母的关爱。对于那个时候的我来说，父母从外地回家的时刻，就是我最幸福的时刻。不过，这种幸福的时光总是非常短暂，而且后面跟着的就是痛苦和失望，因为父母在家里住不了太长时间，很快又会去外地做生意。

那个时候，小小的我发现，如果纵容自己沉浸在父母回家的这种幸福感觉中，很快就会让自己陷入失望。于是，我逐渐形成了一种心理防御机制，那就是在父母回家的时候，努力压抑自己的感受，尽量不让自己变得太高兴、太幸福，这样我就不必面临父母再次离开家门时所要承受的那种极大的痛苦。慢慢地，我的这种“不配幸福，也不敢大胆享受幸福”的人生脚本就形成了。

识别问题，是解决问题的第一步。当我识别出自己的人生脚本中包含着“不敢大胆享受幸福”的元素之后，我就会有意识地允许自己去享受一些幸福的时刻。

现在的我，经常会因家庭成员中一个人取得一点小小的成就而设立一个专门的庆祝时刻。例如，儿子第一天上小学，我们会专门庆祝一下。我们夫妻二人在工作上取得了一些进展，也会进行专门的庆祝。就这样，我逐渐走出了原先人生脚本对我的一些消极限定。

反之，我们如果无法识别和觉知自己的人生脚本，就很容易按照人生脚本当初所设定的那样，无意识地往前走。如此一来，人生脚本就可能会发展成为我们的命运。如果人生脚本所设定的是一出悲剧，那么悲剧就可能会不停地上演。

我们要想摆脱某种命运的桎梏，就需要去识别和觉知自己的人生脚本，然后对不合理的人生脚本进行优化，才有机会朝着更加幸福的生活迈进。

识别自己的人生脚本，并做出积极的改变

我结合自身经历，和大家分享一下识别自己人生脚本的三个方法。

方法一：反思自己喜欢跟别人反复诉说的一类事情

假如你喜欢向别人讲述某一类事情，那么这类事情可能对你来说具有非同寻常的意义。在反思的过程中，你可以认真回顾这类事情的发生、发展和结局，尝试发现隐藏在这一类事情背后是一种什么样的人生脚本。

有一段时间，我特别喜欢向别人炫耀自己刻苦学习英语的经历。比如，读大学的时候，我是怎样坚持每天早晨去操场上通过大声朗读英语来锻炼发音的；再比如，我会跟别人反复强调自己为了找外教练习英语口语多么不容易——我会坚持不懈地去参加口语角活动，然后不断地鼓起勇气，厚着脸皮和学校当时唯一的外教进行口语交流。

一次在参加某国际会议期间，一位外籍专家觉得我的外语不错，询问我是否有海外留学的经历。当时的我还未曾踏出过国门，所以感到外籍专家这样询问是对我外语水平的肯定。于是一兴奋，我就把自己这些年来刻苦学习英文的经历一股脑儿地说了出来。我原本期待外籍专家夸我刻苦用功，没想到他没有被我煽情的描述打动，而是直击问题的本质，问了我一个问题：“是不是一定要这么

刻苦，才能学好英语呢？”然后他接着对我说道：“如果找不到外国人陪你练英语，你完全可以通过VOA（美国之音）和BBC（英国广播公司）这些英文广播电台学习资源学好英语，上面有很丰富的英语学习资料。你借助这些材料进行复述和背诵，同样可以很好地提升英文水平，不必每次总是委屈自己，厚着脸皮去找外国人对话。想想看，如果对方对你所谈的话题不感兴趣，你们很难进行较为深入的交流，你也无法真正有效地练习英语口语。”

那次和外籍专家交流结束后，我非常受触动。我忽然意识到，在自己的人生脚本中，有一种很深的励志情结。我在达成某一个目标的过程中，会无意识地把事情搞得复杂一些、费力一些，使整个事情充满波折感，这样在达成最终目标的时候才会显得我足够努力。

方法二：通过对照自己感兴趣的电影剧本，觉察自己的人生脚本

我们也可以通过对照自己感兴趣的影片类型，揣摩自己的人生脚本。因为我们所喜欢的电影剧本类型，也可能是我们人生脚本的一个投射。

一直以来，我都对励志片特别感兴趣。我喜欢看的电影几乎都是励志片，如《阿甘正传》《当幸福来敲门》等。

这些励志片几乎都有一个共同的发展线索——一个小人物，通过自己坚韧不拔的努力，克服了重重困难，最终取得了一定的成就。这也是我的人生脚本中会反复出现的一个主题。

比如，我的求学历程好像就比一般人走得更加艰辛。当年考硕士研究生的时候，我因为发挥不佳，未能考入理想高校，所以不得不四处联系调剂学校。经过我的不断努力，我才有机会继续攻读研究生。后来，我报考博士研究生的过程更是一波三折。连续考了几年都未能如愿，靠着自己不断给自己加油打气，终于拿到了博士研究生录取通知书，又经过不断的努力，才拿到博士学位。

当我跟别人说起上述经历的时候，我的内心往往充满了一股自豪感，因为自己为了达到心中的目标，无论多难，一直都没有放弃。但是当我从人生脚本的视角审视自己的求学经历时，我忽然有了一个新的觉知——这些看似波折的经历，是不是我在无意识中自导自演的一出戏？也许我根本不需要经历这么多波折就可以达成目标，但是因为励志脚本的存在，才导致我达成学业目标的过程显得如此艰辛。

方法三：问问自己，如果用一句话来概括你的人生，你会给自己的一生下一个怎样的结论

当站在一个更高的位置来思考人生的时候，我们或许更容易发现自己的人生脚本。想象一下，我们在即将离开这个世界的时候，如果用一句话来概括自己的人生，你会给自己的一生下一个怎样的结论？这个结论中也许就蕴含着你的人生脚本。

关于这个问题，我的答案是：“我是一个很努力的人，也是一个帮助很多人变得更加幸福的人。”

在这个答案中，既有助人的成分，又有励志的成分。我发现，自己是一个把努力看得特别重要的人。这种对努力的重视，是我的人生脚本中一个十分重要的主题。

有一年年底，我在微信订阅号上推送了一篇年终总结《我是一匹劣等的马，所以我更加相信奋斗的意义》。写完之后，我很得意，因为我觉得这篇文章充分体现了我这一年来的艰苦奋斗和努力。但是我的一位咨询师朋友对我说：“你为什么会把自己定位成一匹劣等马？我觉得你是一匹优等马啊。”

听完朋友的话，我认真思索了一番。在潜意识中，也许我觉得只有把自己定位成一匹劣等马，才能凸显出努力的价值和意义。毕竟，“努力”是我人生脚本中最为重要的元素啊！如果我把自己定义为一匹优等马，就不需要那么努力了，这就无法吻合自己在无意识中给自己设定的人生脚本了。

想到这里，我对自己的人生脚本有了一个更加深度的觉知。我意识到，自己有时候不必根据人生脚本的需要把自己搞得那么痛苦和疲惫。人生有很多目标，只要选对方向，懂得借助资源，不必很费力就可以达成。

亲爱的读者，读到这里，你可以稍做停留，思考一下：“我的人生脚本是怎样的呢？它是一场喜剧、悲剧、励志剧，还是其他某种剧情？”也许有的人会说：“我的人生脚本是平凡的一生。”而有的人可能会说：“我的人生脚本是贫穷的一生。”当然，还有的人可能会说："我的人生脚本是励志的一生。"

拿着自己的人生脚本，一个人就会演绎出符合自己期待的一生。你如果对这样度过一生不甘心，就要努力改变自己的人生脚本。这个过程，离不开对自我的不断反思，以及认知的不断升级。

也许你会问："这种自我暗示管用吗？人生脚本真的可以改变吗？"是的，人生脚本可以改变，但是需要一点时间。因为我们的人生脚本不是一天两天形成的，也不可能在一天两天内发生改变。但是，我们只要不断地去审视自己的人生脚本，不断地升级自己的认知，就会让它一点点发生改变。

思维14

别怕繁重工作，用压力修炼自己

最好的修炼，发生在最现实的生活中

一位都市白领Cindy，每天都被工作搞得身心俱疲，感到职业倦怠。Cindy想要做出改变，于是请了两周的病假，跑到一个山清水秀的地方，参加了一个正念培训班。

她想通过参加这个培训班，重新建立与自我的连接，彻底放松自己的心灵，找回内心的平静。

开始的两天，一切都进行得很顺利。她在知名导师的指引下，坐在一个宽敞的房间内练习正念。她感觉自己的心变得越来越透明，心情变得越来越放松。Cindy觉得来对了地方，认为自己不虚此行。

然而，从第三天开始，发生了一件让Cindy心烦意乱的事情。坐在Cindy身旁的一位培训班学员，上课总是迟到。每当她刚刚进入正念的状态，这位迟到者就会打破宁静的气氛，一边对周围人小声说

着“不好意思”，一边制造着各种各样的噪声。

每当这时，Cindy特别想发怒，但又碍于面子，不得不把这股怒气给压了下去。可是，被压住的怒气不会自行消失，一直持续扰动Cindy的内心。Cindy实在是忍无可忍，就去找培训班导师，把肚子里的愤怒和委屈一股脑儿地倒了出来。培训班的导师听完Cindy的诉说，微笑着对她说：“告诉你一个秘密，这个迟到的人，是我们故意安排的。”

听完导师的话，Cindy感觉有些惊愕。培训班的导师继续解释道：“我们在培训班课程中所练习的正念，大多是在一种理想状态下进行的——大部分人都会遵守约定，保持安静，全神贯注地按照导师的指令进行。但是在现实生活中，我们很难找到这样理想的环境去练习，总会遇到各种各样的干扰。而如何在有各种各样干扰的情形下，依然能够找到心灵的平静，才是我们真正需要去修炼的课题。所以，我们安排了一个故意迟到者，以求磨炼大家的心性。”

听完导师的话，Cindy恍然大悟。在接下来的时间里，当“迟到者”进入培训场地的时候，Cindy变得不再抱怨，转而采用一种积极的心态面对这件事情。“我要感谢老师特意安排的这位‘迟到者’，是他给我提供了一次在现实生活中修炼自己的机会。我要看看自己在有干扰的情况下，在多长时间内可以尽快地找到心灵的平静。”Cindy默默地对自己说道。

在这次培训班的课程结束后，Cindy感觉自己收获最大的地方，不是学会了一些正念的方法和技巧，而是练就了在现实生活中修炼自己的心态。回到工作岗位上，她减少了对周围人和事的抱怨，把这些现实生活中的种种挑战看作修炼自己、完善自己的绝佳机会。这一转念，打开了Cindy的人生格局，让她的生活态度和人生状态焕然一新。

可见，最适合修炼自己心态的场所不是深山老林，而是现实生活的各种困局。我们如果能够把现实生活中的各种困局当作修炼自我的绝佳机会，就不会轻易被一时的困难遮住眼，坐在原地唉声叹气，而是会拥有更大的人生格局，能够鼓起战胜困难的勇气。

把繁重的工作看作修炼的机遇

一直以来，我都特别喜欢心理咨询师黛比·福特在《接纳不完美的自己》一书中所说过的一段意味深长的话："不要一味质问上天：'为什么让这样的事情发生在我身上？'而是要告诉你自己：'我之所以会有这样的经历，是因为我需要从中得到体验和收获。这是我人生之旅的一部分。'"①

这段话让我在面对困难、挫折、压力以及繁重工作的时候，不再像以前那样容易沮丧、抱怨、拖延，而是能够为这些看似痛苦的事情赋予一种不同的意义，从而在精神状态上变得比之前更加积极。

现在，我已经出版了几本心理学方面的通俗读物。在这几

① [美]黛比·福特.接纳不完美的自己[M].严冬冬，译.长春：吉林文史出版社，2009：144.

本书中，我个人最喜欢的一本就是《高效努力：找准奋斗的正确方式》，因为这本书就是我在现实生活的困局中修炼出来的一个作品。

写这本书的过程，是我迄今为止压力最大的一段时光。当时的我，一边读博一边工作，一边还在坚持更新订阅号文章，同时兼任某网络平台心理专栏的审稿工作。那时的我，每天都觉得时间不够用，恨不得把一分钟时间掰成两半使用。

每天我都会对每一分钟的时间精打细算，并且几乎取消了所有的社交和娱乐活动，只为多抽出一点时间去做那些我认为最重要的事情。那时的我，会随身带着笔记本电脑，只要地铁上有空座位，我就马上坐下来打开笔记本电脑写论文；如果地铁上没有空座位，我就马上掏出手机，在上面写订阅号文章或者审读专栏的稿子。

在身心俱疲的那段日子里，我感觉自己过得太苦了，经常有一种想撂挑子不干的消极心态。但是，我的脑海中后来涌出的一个念头，最终支撑着我熬过了那段艰难的时光。

这个念头是，我要把这些繁重的工作看作修炼自己的绝佳机遇。我如果能把这么艰难的时光都熬过去，今后就没有事情可以难倒我。人的潜力是无限的，我要利用这个难得的机会，好好挖掘自己在时间管理方面的潜力，并且要总结出一套时间管理的方法论同别人分享。

在那段时间里，我见缝插针地阅读了不少时间管理、精力管理、个人管理等方面的书，并且不断地对自己所面临的难题进行梳理，总结出了一套高效努力的方法，最终写出了一本有关“如何高效努力”的书。

比出版这本书更加重要的是，因为熬过了那段压力无比巨大的时光，我养成了一套高效工作和学习的习惯。当面临突如其来的工作任务的时候，我知道该如何做才能有效地分解任务、借助资源，从而有条不紊地完成任务；当感觉自己精力不足、状态不佳的时候，我也知道该如何做才能快速地恢复精力，从而让自己长时间保持高效率的工作状态。

写这篇文章的时候，我问一位朋友：“通过繁重的工作，你都锻炼了自己的哪些能力？”我的朋友是一名小学教师，还担任学校的中层管理者。当我问她这个问题的时候，小学刚刚开学，她的工作非常繁忙。她回复我，繁忙的学校工作，让她慢慢地变得比以前更有边界感了。

她属于那种老好人的类型，总是不好意思拒绝别人。但是当工作压力日益增大后，她学会了鼓起勇气去捍卫自己的边界，选择把宝贵的时间和精力都优先放在自己职责范围内的那些重要的事情上面，而不是对所有人的所有要求都来者不拒。对她来说，这是一个了不起的进步。

我的一位学妹，毕业之后也进了小学做老师。有一次，她告诉我，她现在是一名班主任。我就问她：“做班主任是不是压力很大？”她笑着回复我：“是的，压力很大，也很累，但是做班主任很锻炼人，能让我学到很多东西。”

她又继续对我说，由于做了班主任的工作，她需要额外花很多时间去和学生沟通、去和家长沟通、去和学校各部门沟通。在和各式各样的人群沟通的过程中，她觉得自己与人打交道的技能得到了很大的提升——她以前不善言谈，在短时间内就被锻炼成为一个“能说会道”的人。在两三年时间内，她从“害怕和那些强势的家长、调皮的孩子打交道”，变成了现在“可以冷静地面对各种突发情况，沉着地应对各种不同类型的家长和孩子”的状态。

这位学妹的话，让我想起了中国教育界一位著名的班主任老师魏书生曾经说过的一段话：“人的能力强是工作多逼出来的，铁肩膀是担子重压出来的。有的青年人推卸掉领导让他担任的班主任的担子，自以为是占了便宜，实质是把机会、把能力推出去了，把自己变得无能力。另一部分青年人抢挑重担，抢着当班主任，抢着当比较乱的班级的班主任，他便抢到了一个增长能力、锻炼自己、显示自己才干的舞台。”①

借助工作修炼自己，我们将会拥有双倍收益

我们如果仅仅把自己定义为一名打工人，然后把工作仅仅定义为给老板打工，那么一旦工作量增加，或者某个月工资发得少了一点，我们就很容易抱怨个不停。

---

①魏书生.班主任工作漫谈[M]. 2版. 桂林：漓江出版社，2002：18.

我们如果能够把工作看作提升自身能力的机会或者修炼自己的机会，那么我们的格局就会被打开，不会轻易地因为一点工资的增加或者减少而使心情受到影响。

我们需要在心里默默告诉自己，我不仅是在为老板打工，也是在为自己打工，我的能力增强了，那么我的薪水迟早也会因此增加。我们如果能完成这一心态上的转变，就会从一份工作中拥有双倍收益。

为什么说会拥有双倍收益呢？我们的第一笔收益，就是我们通过工作所获得的薪水；我们的第二笔收益，就是我们自身能力的增长。其实，第二笔收益比第一笔收益更加重要。因为我们的工作能力是我们的安身立命之本，也是我们真正的铁饭碗——无论我们走到哪里，只要我们有能力，就能确保自己会有一碗饭吃。

比如，在我工作的第二个年头，利用晚上时间，我就根据自己的兴趣开设了一门选修课——幸福心理学与生活。这门课的课时费并不多，因此有人会觉得不值得去上。尤其是在工作了一天之后，大多数人会选择早点儿回家或者出去放松一下，这也是可以理解的。

但是，当时我对开设这门课充满了热情，甚至把它当作一份个人的事业在做。因为那时我就明白了一个道理，掌握一门知识的最好方法就是尝试把这门知识教给别人。我在要去教一门知识的时候，本着对学生负责的态度，会逼自己认真地去钻研这门知识。同时，在我教授这门知识的过程中，学生也会给予我很多反馈，从而使我所掌握的这门知识得到不断的完善和优化，这是一个教学相长的过程。总之，通过开设这门课，我不仅对积极心理学的知识有了更加深入的了解和研究，在授课技巧和上课状态等方面也得到了很好的提升。

后来，我所讲的这门课成为学校最热门的选修课，还受到了报纸和杂志的报道。我也因此接到了不少学校的邀请，去给不同的人群上幸福课。这一切，都是从我怀揣着“要把这门课当作自己的事业去做”的心态开始逐渐发生的。

我还抱着同样的心态，在学校心理咨询中心做心理咨询师。虽然在校内做心理咨询是没有直接收入的，但是我觉得这个机会很宝贵。一方面，学校可以提供大量的个案机会供我去实践自己所学的知识，让我不断地积累咨询经验。另一方面，学校还会安排定期的督导，对我在咨询过程中所遇到的问题进行相应的指导，从而促进自己的不断成长。因此，我不想轻易地放弃锻炼自己的这个机会。

只要心理咨询中心打电话过来询问我是否有时间做咨询的时候，即使手头有很多事情，我也会尽量挤出时间去接咨询工作，因为我觉得这是促进个人心理咨询能力提升的一个重要机会，我不能错过。

要知道，市场上对一名心理咨询师定价的几个重要的指标就是——是否有系统的受训经历和专业背景、是否有长时间的心理咨询小时数以及长时间的个案被督导小时数的积累。在学校做心理咨询，随着个案小时数的不断积累，在帮助学生答疑解惑的同时，作为心理咨询师本身的能力和身价也得到了同步的提升。这么好的成长机会，我怎么能错过呢？

总之，我们一定不要仅仅因为金钱的多少而选择是否要用心工作。我们用心工作的一个重要理由是为了促进自己的成长，尤其是在年轻的时候，个人的成长比赚一些快钱重要多了。

要么全身心投入现在的工作中，要么尽快做出改变

面对繁重的工作，最忌讳的就是一边不停地抱怨，一边却无法做出任何的改变。一个人在陷入这种状态当中的时候，很容易浑身上下都充满负能量，不断地进行着精神上的内耗。我们要想摆脱这种精神上的内耗状态，就必须明确自己解决这个问题的思路——要么全身心投入现在的工作中，要么尽快做出改变。

根据多年的职场经验，我觉得努力践行以下三点特别重要——减少抱怨、提升自己、咬牙坚持。

1. 减少抱怨

很多人工作一多，压力一大，就抱怨连天。经常抱怨的人，很容易产生一种“幻觉”——别人的工作都很轻松，只有自己最命苦，自己的工作压力最大。而实际情况是，每个人的工作都有艰辛的一面，只不过有的人能够努力做到微笑面对罢了。

那么，如何做才能微笑面对当下这份压力巨大的工作呢？尼采曾经说过的一句话，或许能够带给我们一些启发——“如果我们知

道自己为了什么而活，那么什么样的苦难都能够忍受。”

同样的道理，我们如果能看到这份压力巨大的工作在促进个人成长方面的积极意义，就不会那么容易去抱怨这份工作。

在转成一名大学专任教师之前，我曾长时间从事着一份行政工作，而且一做就是十年。当时在做这份工作的时候，我经历了很多个难熬的时刻，工作中经常会遇到各种各样的突发情况需要处理，每天提心吊胆，休息时间也很难得到保证，工作压力特别大。当时的我就安慰自己，既然暂时没有更好的选择，那就努力把这份工作的价值发挥到最大化，借此机会锻炼自己做事的耐心以及心理抗压能力。

我原本是一个性子有点急、心理抗压能力有点差的人，正是借着这份工作的磨炼，我慢慢变得比以前更有耐心了——因为工作中的很多事情都涉及与别人的沟通和协调、各种资源的调配，这些都是无法急于求成的事。在这个过程中，我的耐心就慢慢地被磨出来了。

那时，我经常听到的一句话就是“时间紧、任务重”，这也从侧面反映出这份工作所要承受的压力是不小的。比如，我经常加班，或者会在半夜接到学生打来的电话，有一些突发情况需要马上赶到现场去处理等。在这个过程中，我的心理抗压能力也得到了锻炼和加强。

2. 提升自己

我的一位朋友是一个汽车迷，一直渴望拥有一辆属于自己的跑车，但是以他目前在体制内工作的年薪，根本买不起他梦想中的汽车。他每次跟我谈起他的Dream Car（梦想中的汽车），开始的时候总是两眼放光，紧接着就是一声叹息——“唉，太贵了，也不知道自己何时才能买得起”。

人的很多痛苦，往往就是因能力和预期目标不匹配造成的。一个人如果能力太差，但是又有很多预期目标，就很容易感到痛苦。我们要想摆脱这种痛苦，说来也非常简单——要么降低预期目标，要么提升个人能力。

很多人对自己目前所从事的工作有一肚子的怨气，这些怨气往往也是由于预期目标和能力不匹配造成的。解决这个问题的思路也有两个，要么承认自己的不足，心甘情愿地接纳自己目前所从事的工作；要么抓紧一切时间和机会去提升自己的能力，争取早日换得一份自己更喜欢的工作或者转到自己更喜欢的岗位上。

对于一个刚刚进入职场的年轻人来说，要他接受自己目前工作的现状，也许他不会甘心，那么这个时候就只剩下一个选择了——拼命提升自己的能力，去改变现状。

我就是从这个阶段过来的。在刚刚工作的那几年里，每当我感觉累的时候，每当我忍不住想要抱怨的时候，我都会提醒自己，此时唯一值得做的事就是把自己对现实的不满转化为提升个人能力的动力。

越是又忙又累的时候，我就越会强迫自己多看书、多学习，因为我知道只有这样做，才有机会改变现状。在这种理念的支配下，在我最忙最累的那几年，我先后出版了几本书，并且拿到了博士学位，最终有资格从行政岗位转到了自己所喜欢的教师岗位。

3. 咬牙坚持

很多人只要一感觉自己工作压力大，就容易产生换一份工作的冲动。这时，一个新的工作机会往往就会显得特别有吸引力。于是，有人就会饥不择食，不经过认真思考和调研，匆忙换一份工作，企图逃避上一份工作的压力。

从本质上来说，这种做法不是在解决问题，而是在逃避问题。问题不会因为你的逃避而自行消失，反而会以“新瓶装旧酒”的方式重新出现。采用逃避问题的思维方式换工作的人，一旦换到新的工作岗位上，就很容易产生一种“从一个火坑跳到另外一个火坑中”的感觉，马上又会因为遇到的新问题感到心烦意乱。

我们在工作中感受到巨大压力的时候，要遏制住自己想要逃避问题的冲动，然后给自己加油鼓劲，告诉自己要“咬牙坚持”一段时间再说。这个时候，也许有人会询问：“那到底什么时候该咬牙坚持，什么时候该选择放弃呢？如果遇到的是一份没有前途的工作，选择咬牙坚持岂不是在错误的道路上走得更远了吗？”

是否继续选择咬牙坚持，我觉得一个重要的判断标准就是——自己是否还能从目前所从事的工作中学到新的东西、磨炼出新的技能。你如果发现自己还有进步的空间，就请继续咬牙坚持；如果自己已经足够努力，却感觉很难学到新的东西了，就请尽快做出转变吧。

思维15
乐于帮助别人，幸福一生的秘籍

你如果想幸福一辈子，就去帮助别人

有一位名字叫莫里的社会心理学教授，他在70多岁的时候，得了一种不治之症——卢·格里克氏症。这是一种凶险无情的神经系统疾病。当时医生说，莫里教授或许还能活两年的时间。

由于患病，他的肌肉开始萎缩，腿脚也开始变得不灵便了。他的一名学生，记者米奇·阿尔博姆得知消息后，赶来看望这位即将离世的老师。莫里教授随后宣布，想要给这名学生上最后一门课（其实就是病床前的谈话）。这门课每周二上一次，主要内容是探寻生活的意义。这门课总共讲授了十四周，最后一堂课，就是葬礼。

在莫里教授去世后，他的学生把这门课的内容集结成一本书，取名为《相约星期二》。这本书出版上市后在全美引起了轰动，连续四十四周名列美国畅销书排行榜。我在拿到这本书的时候，最让

我感到不解的是这样一个问题：在生命最后的这段宝贵时光里，莫里教授生活都不能自理了，为什么还想着要去给别人上课，还想着去帮助别人，还想着去给学生一些思想上的启发？

后来，莫里教授在书中所说的一段话解开了我的疑惑："我当然在受罪。但给予他人能使我感到自己还活着。汽车和房子不能给我这种感觉，镜子里照出的模样也不能给我这种感觉。只有当我奉献出了时间，当我使那些悲伤的人重又露出笑颜，我才感到我仍像以前一样的健康。"①

莫里教授所说的这一段话非常打动我。作为一名教师，我个人也有类似的体会——帮助别人不是一种单纯的奉献或牺牲，对于付出者来说，更是一种精神上的巨大收获。而且，这种精神上的获得感，会给人一种欲罢不能的感觉。

对于我来说，最幸福的事情就是给学生上课。因为在给学生上课的过程中，我能体会到帮助别人成长的乐趣。在课堂上，每当我看到听课的学生露出会心的一笑，或者争先恐后地回答问题，或者认真地记录课堂上所学到的知识点的时候，我的内心都会有一种特别充实和幸福的感觉。我经常会在心里暗暗地想，即使我退休了，学校不给我发工资了，我最想做的一件事还是给学生上课。只要有学生还愿意听，他们还能从课堂上学到东西，我就愿意去讲。

---

①［美］阿尔博姆.相约星期二[M].吴洪，译.上海：上海译文出版社，2007：131.

在《你可以幸福》一书中，我曾读到过这样一段谚语，觉得很有道理："如果你想幸福一小时，打个盹；如果你想幸福一天，去钓鱼；如果你想幸福一个月，去结婚；如果你想幸福一年，继承一笔财产；如果你想幸福一生，去帮助别人。"[①]你没看错，帮助别人才是让人幸福一生的秘籍。

心理学的相关研究也证实了帮助别人对于提升自身幸福感的益处。一项针对志愿者的调查研究发现，志愿行为能够减轻志愿者的抑郁症状，提升志愿者的幸福感和自我价值感，并且能够增强志愿者的自制力。[②]

很多人往往把"帮助别人"仅仅看作一条道德要求，过分强调"帮助别人"对于受惠者的益处，而忽略了"帮助别人"为施惠者本身带来的巨大好处。

在《幸福有方法》一书中，知名的积极心理学家索尼娅·柳博米尔斯基通过相关研究发现了"帮助别人之所以会让自己感到特别幸福的原因"，[③]这些原因可以被简单概括为以下三条：

---

①［美］威尔·鲍温.你可以幸福[M].庄安祺，译.长沙：湖南文艺出版社，2013：99.

②［美］索尼娅·柳博米尔斯基.幸福有方法[M].周芳芳，译.北京：中信出版社，2014：109.

③［美］索尼娅·柳博米尔斯基.幸福有方法[M].周芳芳，译.北京：中信出版社，2014：108-109.

1. 帮助别人会让一个人转移自己的注意力，同时对自己已经拥有的东西心怀感恩

有的人总是喜欢独来独往，不想和任何人发生交集，虽说这样省去了很多人际交往的麻烦，但是也失去了人际交往的快乐，还导致他把更多的注意力放在关注自己的痛苦上，不能自拔。

在帮助别人的过程中，我们便有机会从自己的痛苦中暂时走出来，发现在这个世界上，并不只有自己过得很辛苦，大家都过得不容易，自己只不过是人类中的普通一员而已。一个人如果能有这样的认识，就不会长时间沉浸在自己的世界中顾影自怜。

我的一个学生，家境并不富裕。进入大学之后她过得也不如意，因为她经常受身边同学的排挤，感觉自己活得很痛苦。后来，她选择休学一年，去西部支教。在做志愿者的过程中，她的心态逐渐变得越来越好。一方面，她通过帮助他人的方式转移了自己的注意力；另一方面，她在帮助别人的过程中意识到自己虽然家境一般，但是远比西部的这些孩子生活优越。她支教结束回到学校之后，变得比以前乐观豁达了很多，精神状态也变得特别好。

2. 帮助别人是一种自我力量的展现，同时会提升一个人的自信和自我价值感

假如一个男生帮一个女生解决了一个复杂的电脑问题，对于这个男生来说，他会抱怨太累太辛苦吗？当然不会。他会觉得这是一件非常有成就感的事情，并且还会因为收获了女同学崇拜的眼神而得意好长一段时间。

假如一个年轻人在下班之后去挤地铁，没有抢到座位，满脸疲惫。这个时候，一位身板硬朗的老爷爷站起来对这个年轻人说："小伙子，过来坐我的座位吧，你们年轻人工作一天也挺不容易的。"此时，这个年轻人会欢欣鼓舞地去坐这个座位吗？

我想这个年轻人会觉得很不好意思，不仅不会去坐，甚至会觉得非常尴尬。也许他会在心里寻思："自己再累，也是个年轻人。被一位老爷爷让座，说明我身子骨太柔弱了，看来今后得加强身体锻炼才行。"

总之，帮助别人的过程，是一个彰显自我力量的过程。因为一个有力量的人，更有能力去帮助别人。一个人如果在任何事情上都无法向别人伸出援手，总是想要获取别人的帮助，那么这便是缺少力量感的一种表现，也很容易丧失自我的价值感。

3. 帮助别人会带来一系列的积极连锁反应，你帮助过的人，也会找机会回报你

社会心理学领域有一个法则叫作"互惠原理"，指的是当别人给了我们一些好处后，我们的内心就会产生一种亏欠感，忍不住找机会去回报这种好意。[①]比如，有的人抱怨自己发的朋友圈总是没有

---

①［美］罗伯特·西奥迪尼.影响力[M].闾佳，译.沈阳：万卷出版公司，2010：25.

人点赞，其实只要经常给别人的朋友圈点赞，你就会发现，自己的朋友圈也会有很多人点赞。

总之，帮助别人会带来一系列的积极连锁反应。比如，在上海定居后，原本我们家和对门邻居很少有交流。有一天，他们从乡下带来了很多新鲜蔬菜，送给我们一些。从此以后，我们两家就有了联系。我们家做了面包后也会送给邻居一些。有时候，邻居太忙不方便接孩子放学，我就帮忙去接。由于两家孩子的年龄差不多，所以小孩子过生日的时候也会互送礼物，有时候也会一起玩耍。一来二去，我们两家的关系越来越紧密，生活也因此多出了很多乐趣。

帮助别人，可以让我们的人生变得更有意义

我看过一部电影：一个美国小镇青年，名字叫乔治·贝利，他是一个聪明善良、凡事总是为别人着想的人。

乔治从小就有一个“到外面的世界好好闯荡一番”的梦想，但是这个梦想因为他父亲的突然去世戛然而止。他放弃了周游世界的梦想，选择留在小镇上，接手父亲留下的福利事业——他父亲在小镇上经营着一家建筑贷款公司，专门帮助那些家境贫穷的人通过贷款拥有一幢属于自己的房子。

而乔治·贝利每周只拿45美元的微薄薪水。虽然他非常幸运地遇到了意中人，和心爱的女人结了婚，而且他的妻子深爱着他、理解着他、支持着他，但是他不得不面对家庭经济情况的窘迫——他

没有办法让心爱的女人过上富裕的生活，甚至连度蜜月的钱他都省下来做其他事情了。

乔治眼看着自己的弟弟到外地念了大学、获得了更好的发展，眼看着自己的朋友也飞黄腾达、在事业上取得了成就，而他自己好像还一直在原地打转。想起儿时的梦想，乔治·贝利不禁感到黯然神伤。但是，他依然选择继续乐观地生活下去，只为了让小镇的人们拥有更好的生活。

这样一个乐观善良的人，没想到在接下来的生活中遇到了更大的打击。他的叔叔，也是和他一起经营公司的合伙人，在去银行办理业务的时候，不小心把8000美元的周转资金遗失了。这件事对于乔治来说，几乎是一个毁灭性的打击。因为随着银行查账人员的介入，乔治面临着公司破产，以及自己将要去坐牢的风险。

乔治感到命运对自己实在不公，甚至有了轻生的念头，觉得自己如果不来到这个世界上就好了。此时，一件神奇的事情发生了（影片做了一个艺术化的处理），乔治真的有机会以旁观者的姿态看到了假如自己没来到这个世界上的生活场景。

他看到小镇里的公司都被一个目露凶光的、名字叫作波姆先生的人所控制，贫穷的人都被波姆压榨，过着十分潦倒的生活；他看到自己的弟弟掉入水中因无人施救而早早地去世，他的母亲因此痛苦一生；他的妻子玛丽因为没有遇到他而选择一生单身，也没有领养孩子。这一切，让他看清楚了自己活着的意义。

一个有他的世界，和另外一个没有他的世界相比，多出了更多美好的事情。而这些美好的事情之所以会发生，就在于他每次都能挺身而出，用尽全力去帮助别人。

故事的结尾充满了温情：得知乔治所经营的公司丢失了8000美元所遇到的资金困难之后，那些曾经接受过乔治帮助的人，冒着大雪，纷纷来到乔治的家里，拿出自己的积蓄，帮助乔治渡过难关。1美元、2美元……堆在乔治家桌子上的钱越来越多，乔治所遇到的难题就这样迎刃而解了。最后，大家围在一起动情地歌唱，每个人脸上都露出了欢快的笑容。整个场面温馨浪漫，感人至深。

这部美国电影叫《生活多美好》，为我们深刻地思考人生意义提供了一个绝佳的角度。

如何判断我们的人生是否有意义？我们可以尝试着想象一下，一个有自己的世界和一个没有自己的世界相比，究竟会有什么不同？这些不同，就是我们的人生意义所在。

我们在用尽全力去帮助别人的时候，才有机会和这个世界发生一些积极又深刻的联系，才能感觉到自己真真切切地活在这个世界上。与此同时，我们通过对身边人的一些帮助，让这个世界变得美好了一点点，这就是人生的意义所在。

假如我们仅仅满足于活在自己狭小的圈子里，每天只是在精心算计自己的利益是否有损失，不想为周围的人付出一点点，那么这样的一生是非常不划算的。从表面上看，这种活法好像让我们占了便宜，但实际上让我们吃了大亏——我们会因此很难体会到活着的意义。

这种活法，无法对其他人产生一点积极的影响。当有你的世界和没有你的世界并没有太大不同的时候，这样的人生便是黯淡无光、毫无意义的。

多行善事，为了别人，也为了自己

每当有学生跟我诉说“感觉人生没有什么意义”的时候，我都会忍不住问学生这样一个问题：“你是否考虑过从帮助别人的过程中去寻找自己人生的意义？”

为什么我会问这个问题？我发现，只要和这些经常感叹“人生没什么意义”的学生深聊下去，就很容易发现这些学生身上有一个共同点——他们只关注自己的感受，只关心自己的利益，喜欢刻意夸大自己的痛苦，同时对身边的人置若罔闻。

在这些表象背后，也许有一些深刻的心理原因。比如，他们从小没有得到足够多的关爱，或者受到过分的溺爱，或者在成长过程中遇到过一些伤害等。对他们来说，对别人冷漠只是一种防御机制。但无论如何，一个人坚持把自己封闭在自己的世界里，只会让自己感到精神上的空虚，丧失生命的意义。

根据我的经验，对于这部分学生来说，一旦他们愿意走出自己的狭小世界，出去多参加一些社会实践或者志愿者活动，努力做一个对别人有帮助的人，哪怕只是在寒假时间给自己的表弟表妹辅导一下英语，他们就能重新找回生活的意义以及前进的动力。

马克思曾说过，人的本质是一切社会关系的总和。我觉得这句话非常有道理，因为我们确实只有在与人交往的过程中才能定义自己，也只有在为他人带来价值的时候才能实现自己的价值。

那么，在日常生活中，我们究竟应该如何做才能更好地践行“帮助别人，实现自己”的法则呢？下面，我总结了三条法则和大家分享。

1. 从身边的人开始帮起

很多人对外面的人往往都表现得很友善，但是对自己的家人却很冷酷。其实，我们身边的人更需要我们的关心和帮助。

比如，当妻子在厨房做饭的时候，丈夫可以提前把餐桌整理好，把餐具摆放好，这些小小的举动，就可以让夫妻关系变得更加融洽。再比如，你可以花一点时间耐心地教家里的长辈如何使用智能手机、如何用手机在网上购物等。这些看似不起眼的小事情可能对他们来说意义重大。

2. 从身边的小事开始做起

帮助别人，不是只有舍己救人这样惊天动地的大事，还有很多举手之劳的小事。有时候，我们即使只是尝试去做好身边的一些小事，也能温暖他人的心灵。

比如，每次走出小区的时候，假如前面的人帮忙稍微扶一下将要自动关闭的门，让后面的我更加方便通过，这样一个小小的善意的举动，都会让我心生感动。而且这份善意和感动，我会继续传递下去。

再比如，有一次在商场门口，我们一家人看到一对父女着急进入商场，但是忘记戴口罩了，我们手里恰好有多余的口罩，就送给了这对父女。当时那位父亲看了看我们一家人，准备掏出手机转账给我们，我们连忙表示不用给钱。然后，我们就看着这对父女开开心心地进了商场，那种感觉真好。

还有一次，我们一家人在一家游乐场的快餐店吃饭。那家餐厅有很多个门，但是都关了，只开一个主门。虽然关闭的门上都贴了告示，告知顾客“此门不通”，但是由于那张告示很小，很多人都没看到，就一个劲儿地在那推门。门都是锁着的，所以他们怎么推都推不开，白费力气。

当时我和儿子正好在那家餐厅吃饭，就充当起志愿者，站在那个关闭的门旁边，告诉前来用餐的游客，请走前面的主门。就是这样一个小小的举动，让我们收获了不少人的谢意。我和儿子因为能帮助别人而感到十分高兴，在那里站了好长时间，甚至觉得逛游乐场都不如站在这里帮助别人有意义。

3. 把工作和助人联系在一起

我们也可以把自己的工作和帮助别人这件事情结合起来做，从而提升工作的幸福感。我们一旦能够将工作赋予一层“助人”的意义，就会拥有更多的内在动力。

比如，每次下课之后，如果没有要紧的事情，我都不会急着走出教室，因为有的学生会在这个时候走上前来问一些问题。由于有的学生问的问题属于个人隐私，所以他就会坐在一个角落里，等其他学生都离开教室后才走上前来提问。

这时，我不会把解答学生的问题看作额外的工作量，而是将其看作工作中最有价值的一部分。尤其是当自己的回答能够消解学生的困惑，对学生来说真的有帮助的时候，我会感觉特别有成就感。有一些学生，他们会在校园里遇见我的时候非常热情、亲切地和我打招呼。我发现这些学生都有一个共同点——我和他们都分别有过几次较为深入的交谈。

在积极心理学领域，有一项针对医院清洁工的研究，同样揭示了把工作和助人联系在一起的重要意义。

来自纽约大学商学院的教授瑞兹奈斯基和他的同事通过研究发现，那些把自己的工作看作对治疗病人有重要价值的清洁工，往往会在工作中表现出更多的干劲，他们会主动预见医生和护士将要提出的需求，更有责任感和使命感，愿意承担更多的工作。而那些只把清洁工作看作一份无聊的体力活的人，则只会完成分内的工作，不会去做任何多余的事情。①

如果能够把工作和助人结合在一起，我们做的就不再是一份简单的工作，而是一份事业，我们的人生也会因此变得更有意义。

---

①［美］马丁·塞利格曼.真实的幸福[M].洪兰，译.沈阳：万卷出版公司，2010：175.

思维16

少做无意义的事，过充实的生活

这三类无意义的事情，你会经常去做吗

有一段时间，我发现自己经常会陷入一种焦虑状态——每天虽然想要好好去努力、干出一番事业来，但是内心又控制不住自己，把大量时间浪费在一些毫无意义的琐碎事情上。我每天虽然看起来忙忙碌碌，却忙得毫无意义。

那么，自己的宝贵时间，究竟浪费在哪些无意义的事情上了？通过一段时间的记录和反思，我发现下面这三类事情特别容易偷走我的宝贵时间和注意力。

第一类：毫无节制地追求新奇刺激

前段时间，我翻看了一下手机上自带的App使用时间统计软件。在过去一周中，我在手机上耗费时间最多的三件事情是：微信使用

13个小时33分钟，今日头条使用时间8小时44分钟，微信读书使用时间3小时18分钟。而我自己一直误认为，在过去的一周中，自己在手机上花时间最多的APP应该是微信读书。

我为什么会花费这么多时间在今日头条和微信朋友圈上呢？因为那段时间我手头积压的一些事情恰巧都做完了，空闲时间比较多，我就一心想要去追求点新奇刺激。

人们为什么会执着于追求新奇刺激呢？也许是因为他们内心空虚。关于这一点，叔本华在《人生的智慧》一书中曾有一段特别精辟的论述："人们对于外在世界发生的各种事情——甚至最微不足道的事情——所表现出的一刻不停的、强烈的关注，也暴露出他们的这种内在空虚……内心空虚之人无时无刻不在寻求外在刺激，试图借助某事某物使他们的精神和情绪活动起来……能够让我们免于这种痛苦的手段，莫过于拥有丰富的内在——即丰富的精神思想。因为人的精神思想财富越优越和显著，那么留给无聊的空间就越小。"①

根据叔本华的观点，你如果想要破除"毫无节制地追求新奇刺激"的问题，就需要不断充实自己的内心——当内心充实了，新奇刺激对你的诱惑就会越来越小。你可以每天规划好时间，有针对性地去读书和写作，有计划地去充实自己的内心。

---

①［德］叔本华.人生的智慧[M].韦启昌，译.北京：中央编译出版社，2010：21.

同样是追求新奇刺激，我们可以用“读书”来代替“玩手机”。与玩手机带给人的那种肤浅的快感有所不同的是，读书带来的是一种深度又高级的理性愉悦。需要注意的是，我们如果想要用读书来代替玩手机，一定要选择一本自己真正感兴趣的书去读！你如果选择用一本读起来很枯燥的书去代替手机，往往容易失败，最后还是会忍不住去玩手机。

以前我有一个不好的习惯，就是在睡觉前翻看一会儿手机。现在我把这个习惯改成了睡前读一会儿书。一般来说，晚上只要一到九点，我就会开始读自己感兴趣的一本书。有一段时间，我对理财的书很着迷，就会去读理财类的书。有一段时间，我对小说很着迷，我就会去读小说。总之，晚上的这段时间，我只用来读那些我真正感兴趣的书。只要能把自己的注意力从手机上引开，我就算赢了。至于那种大部头的干货类、理论类书籍，我通常会放在白天精力旺盛的时间进行有计划的阅读和学习。

第二类：对所有的事情都苛求完美

很多人为了买到最划算的商品，会花一个多小时在各种购物网站上做对比，最终购买了一件所谓“完美商品”——比原来的购物网站省了5元钱，却对自己浪费的时间浑然不觉。

在经营微信订阅号的时候，我也经常犯苛求完美的错误。之前我经常会花费两个小时写作，然后花一个多小时排版和校对文章。很显然，我花在排版和校对上的时间有点多。事实上，一篇文章只要认真写作，编校三遍后没有问题，就可以发出来了，不需要总是无止境地去追求完美；而排版方式也完全可以选择“极简风”，没有必要刻意去追求花里胡哨，毕竟用户更关注的是文章内容。

就这样，通过一番分析和努力，我把排版时间压缩在了10分钟以内，用更多的时间去创作。

读到这里，也许有人会问，追求完美不是好事吗？没错，追求完美是好事，但并不是所有的事情都需要你追求完美。因为不同的事情，其重要程度是不同的，不是所有的事情都值得我们分配同样的精力。有些不重要的事情，我们甚至可以战略性地允许自己将其做得不完美。

比如，如果购买一件只有百元或十元钱的商品，我们完全可以在几分钟内做出决定，不必花太长的时间去精挑细选。即使这个决定不完美，我们也不需要承担太大的风险。但假如我们要去购买一栋新的房子，涉及几百万元的一个交易，则不能匆忙做出决定。

这时，我们应该综合考虑一套房子的地理位置、商业配套、交通便利状况、小区物业、开发商实力、区位发展前景以及自己的用房需求等因素后再做出判断，这通常需要花费很长一段时间去考察和斟酌，才能做出理智的选择。

在现实生活中，很多人不擅长抓重点，在一些不重要的事情上苛求完美，结果白白浪费了太多宝贵的时间。比如，回复一封普通的工作邮件，字斟句酌，明明可以花十分钟完成的事情非要花上半个小时；再比如，花费一下午的时间去思考晚饭究竟应该去哪家餐厅吃等。

人的时间毕竟是有限的，我们只有把有限的时间用来做最重要的事情，在最重要的事情上追求完美，才能让我们的时间发挥最大的价值；如果把太多的时间浪费在那些不重要的事情上，我们的生活就会丧失价值感和意义感。

第三类：为不重要的事情过度担忧

作为一个多愁善感的人，我发现自己经常会把时间浪费在担忧某些不重要的小事情上。

比如，给对方发一条信息，对方没回，我就会忍不住去想：对方不回我信息，是不是说明他对我有意见？我是不是哪句话说得不太合适得罪了对方？我这样想来想去，就会影响情绪，做事情就很容易没有状态，导致宝贵的时间被浪费。

针对这一问题，我经常劝慰自己的一句话就是——“你所担心的99%的事情，都是不可能发生的”。事实也的确如此。周末的晚上，我经常会为周一那些难搞的事情担忧不已。但是到了周一，我只要火力全开，就可以逐个化解很多难题，发现自己的很多担忧其实都是没有必要的。

还有，当你感到担忧的时候，你不要沉浸在这种担忧中，而是要想办法去做一些有价值、有意义的事情，以转移自己的注意力。一个人一旦开始忙起来，就会慢慢忽略很多担忧。

总之，我们如果能够有效避开浪费时间的三个大坑——毫无节制地追求新奇刺激、对所有的事情都苛求完美、为不重要的事情过度担忧，就会慢慢发现，那些被充分利用的时间，就如同金子一般，我们的生活，也会因充分利用时间而变得金光闪闪。

如何戒掉玩手机的瘾

虽然我列举了三大类无意义的事情，但是如果要说现如今有哪一件事情最容易偷走人们的时间，那恐怕非玩手机莫属。

每次乘坐地铁的时候，我发现身边几乎每个人都在看手机。这个时候，倘若有一个人拿出一本纸质书来阅读，就会显得很不一样。很多学生在上课的时候也情不自禁地掏出手机玩个不停。最近还有一个学生跑过来对我说，他已经连续卸载过三次手机上的微博软件了，因为他每天都控制不住自己玩微博的时间。每隔几分钟，他就会去刷微博，看看有没有新鲜好玩儿的事情。

如何才能戒掉玩手机的瘾？结合心理学的理论和我个人的实践经验，我总结出了三个方法和大家分享。

1. 学会延迟满足自己

不可否认的是，手机确实好玩，因为它里面充满了各种各样的诱惑。而且，人都是渴望得到一些新奇刺激的，这一本性很难改变。所以要想彻底戒掉玩手机的瘾，绝非仅凭借一股顽强的意志力就可以达成的。但是，我们可以选择通过延迟满足自己的方式，达到“既能玩到手机，又能把正事给完成”的目的。

所谓延迟满足自己，是指先确保把最重要的事情完成，再去玩手机。这个时候，玩手机就相当于是对我们完成重要事情的一种奖励。我们如果不懂得延迟满足自己，选择先去玩手机、再去做重要的事情，就可能会导致发生“玩了太长时间手机，但是正事却没时间去做”的情况。

2. “以事后之悔悟，破临事之痴迷”

我们在忍不住要去追求新奇刺激的时候，还可以用下面这句话来提醒自己：“以事后之悔悟，破临事之痴迷。”我们在忍不住去玩手机的时候，如果能够这样及时提醒自己——“长时间玩手机，那些新奇的刺激最终只不过会加剧内心的空虚”，就可以帮助我们在开始寻求刺激的时候保持头脑清醒，及时喊停。

这一理念，其实来源于《菜根谭》。《菜根谭》有云：“饱后思味，则浓淡之境都消；色后思淫，则男女之见尽绝。故人常以事后之悔悟，破临事之痴迷，则性定而动无不正。”酒足饭饱之后，再去想美味佳肴，美味佳肴就没有那么诱人了；欲望得到满足之后，再去想男女之事，也不会觉得那件事那么有诱惑力了。所以，我们可以牢记做完某事之后通常会产生的悔悟之念，以破除做这件事之前所怀有的那种贪恋的态度，从而保证自己淡定处事，行为端正。

3. 养成在固定时间玩手机的习惯

我们知道，习惯是一股强大的洪流。我们如果养成了每天早上一起床就先玩一会儿手机的习惯，或者养成了只要感到无聊就玩一会儿手机的习惯，那么我们要想戒掉玩手机的瘾，就会变得难上加难。

这时，我们只要主动出击，养成在固定时间玩手机的习惯，就可以节省大量的时间。比如，我目前所养成的习惯就是固定在吃完早饭、午饭、晚饭之后的一段时间内玩手机。其他时间如果忍不住想要玩手机，我就会安慰自己，别着急，等到吃完饭之后再好好玩吧。

我之所以会把玩手机的时间固定在吃完饭之后的一段时间进行，是因为刚吃完饭的时候，人的大脑往往是最容易犯迷糊的时候，不适合进行比较烧脑的活动，做事效率也不高。所以，我正好可以利用这段效率不高的时间玩一会儿手机，满足一下自己也无妨。

为有意义的生活寻找支撑点

减少去做无意义的事情，并不意味着我们立刻就能过上有意义的生活。要想过上有意义的生活，我们还应当为有意义的生活寻找一些支撑点。这些支撑点的作用，就是用有意义的事情来填满我们的时间。

为了让自己的生活更有意义，我为自己的生活找到了以下五个支撑点：用平常心对待生活或工作中的难题、拥有一两个兴趣爱好、养成良好的生活习惯、和朋友保持密切的联系、拥有一份自己的梦想清单。

前些日子，一位朋友给我发信息求助，他说自己的情绪状态不太好。因为他所处的行业受疫情冲击挺严重的，已经被迫降薪有一段时间了。而他情绪低落的直接原因是，最近在工作上遇到很多不顺心的事情，感觉压力很大。

“反正最近一个月就是感觉情绪挺低落的，回到家之后，经常一个人躺在床上，啥事也不想干，连玩手机都觉得无聊。”他的语气中充满了颓废的味道。通过一系列的简单询问，我基本排除了这位朋友具有严重心理问题的可能性。

我发现，他的生活中由于缺少一些有力的支撑点，导致他感觉生活有些无聊、没有意义。例如，他几乎没有可以说知心话的朋友，也没有什么兴趣爱好。因此，他一旦在工作和生活遇到不顺心的事，就很容易陷入情绪的低潮期。

我和这位朋友分享了我自己经常会用到的五个心理支撑点，希望他能花时间去建立和培养自己的心理支撑点，进而慢慢走出情绪的低潮期，让生活变得更加有意义。

第一个支撑点：用平常心对待生活或工作中的难题

什么是“平常心”？我们可以套用森田疗法的八个字——顺其

自然，为所当为。

所谓“顺其自然”，是指在面对生活中不顺心的事情的时候，不去过多地抱怨和纠结“为什么倒霉的事情总是降临在我的头上”，而是学会接纳“不顺心的事情是生活中必然会出现的一部分内容”。

我个人特别喜欢的一种自我对话方式是，“既然这件倒霉的事降临到了我头上，就让我看看自己能从中学到哪些经验、增强哪些能力吧！说不定，我还能从中找到一些写作素材呢！”我一旦这样去想，就很容易接纳生活中的难题。

所谓“为所当为”，是指到了该干什么事情的时间，就去做什么事情。一个人即使心情糟透了，大脑里想的是逃避，也要把生活或工作中该完成的事情完成，否则事情越堆越多，心情也会更加糟糕。“为所当为”的本质是鼓励你直面问题，然后在解决问题的过程中不断提升自信心。

第二个支撑点：拥有一两个兴趣爱好

关于兴趣爱好的重要性，我最喜欢的一段论述来自哲学家罗素的《幸福之路》一书：“一个人感兴趣的事越多，快乐的机会也就越多，需要被拯救的机会就越少，因为如果他失去了一样东西，他就能转向另一样东西。人生是短暂的，我们无法对所有的事都感兴趣，但尽可能对很多事情感兴趣总是一件好事，这样可以充实我们的生活。”[1]

之前我没有什么兴趣爱好，生活毫无生机可言。在意识到这个问题之后，我慢慢培养起了几种兴趣爱好（篮球、汽车、投资理财等）。我觉得在培养兴趣的过程中，有两点要特别注意。

第一点，学会抛却功利心，同时学会听从内心的声音，就能发现自己的兴趣。有一段时间，我尝试把学英语当兴趣，但是发现自己总是容易把学英语和考证联系起来，从而丧失了学习的内在动力，就转而考虑培养其他方面的兴趣。

第二点，不要让兴趣耽误主业。兴趣不是生活的全部，对感兴趣的事，必须要做好自控，不能耽误重要的事情。比如，我虽然对汽车很感兴趣，但给自己定的规则是，每次浏览汽车新闻的时间不能超过一个小时。

第三个支撑点：养成良好的生活习惯

养成良好的生活习惯，有规律地生活，会给人一种踏实感，还可以有效抵御情绪的大起大落。没有养成良好习惯的人，内心很容易波动，也很容易被“接下来我该做什么”的焦虑感所吞噬。

我是一个生性敏感的人，情绪很容易波动。但是在刚刚过去的暑假里，情绪一直比较平稳，因为我养成了比较好的生活习惯。我上午写作，下午备课，晚上放松一下。最近几天的晚上，我还会拍

---

①［英］罗素.幸福之路[M]. 2版.刘勃，译.北京：华夏出版社，2013：131.

几个小视频在网络上分享。到了哪个时间点，我就去干哪件事，内心踏实又笃定。

第四个支撑点：和朋友保持密切的联系

人是一种社会性动物，爱与被爱都是人的一种基本需求。因此，在人与人的互动过程中，我的心情很容易得到安抚。当你感觉心情低落的时候，如果身边有一个朋友愿意听你诉说，他愿意无条件地去接纳你或包容你（不只是急于给你出主意），这时你就会感觉特别治愈。

有的人，外表看起来很懂事，内心却特别善于压抑自己的感情，不愿意找人倾诉，遇到事情总是一个人扛着。这一类人，往往长期沉浸在抑郁情绪中，心理很容易出问题。心理咨询中有个说法，叫作“说出来，就好了”。我们压在心里的很多感受和情绪，如果不给它们一个释放的通道，就会消耗大量的心理能量，使整个人都失去活力。

而一旦能找到合适的人去倾诉，他就会在倾诉的过程中和别人产生一种联结感。这种联结感会让他感觉到，自己在这个世界上不是孤独的，在心灵获得治愈的同时，还会让自己进一步鼓起战胜挑战的勇气。这就是我们需要经常和朋友保持密切联系的原因。

而在经营朋友关系的过程中，一个关键点是要学会经常性地给予他人。我们不能总是做一个索取者，总是渴望得到来自别人的关心、支持和理解，但是自己却从来不肯付出。我们只有经常把自己想要的东西给出去，才能有机会得到同样的回报。

第五个支撑点：拥有一份自己的梦想清单

一个人如果能看到未来的希望，即使遭遇了挫折，也不会被轻易打倒。你如果觉得自己现在的生活很苦，不妨憧憬或规划一下自己未来的美好生活。比如，你可以专门抽出半天或一天的时间，写一份梦想清单，把你这辈子最想做的事情，都写在梦想清单上。

写好这份梦想清单之后，你可以把它保存在手机里面，然后花点时间，慢慢地一步步向自己的这些梦想靠近。在处于情绪低谷的时候，或者感觉工作压力太大的时候，你就可以拿出这份梦想清单来好好看看。

在我的梦想清单里面，有一项是“运用所学的知识去帮助更多的人变得更加幸福”。所以，我会更加认真地去备课，会花更长时间去和学生谈心，持续不断地去写心理学的科普文章。

每当我感觉想要偷懒的时候，每当我感觉自己太急功近利的时候，每当我感觉写作太累的时候，我都会用这个梦想清单来激励自己。因为我相信：虽然现在很苦，但实现梦想的过程是甜的。

思维17

坚持不断试错，确立人生方向

如果缺少明确的职业目标，就先确立大概的人生方向

作为一名教师，我经常听到身边的学生发出类似的感叹："我现在之所以活得浑浑噩噩，就是因为缺乏一个明确的职业目标，不知道将来该干点什么好。"

的确，我们拥有一个明确的职业目标，可以为自己的生活提供动力和指引。但是，一个人想要确立一个明确的职业目标，并不是一件容易的事情。环顾四周，很多人缺乏长远的目标，于是选择了随波逐流——他们夜以继日地从事着自己厌恶的工作，但是为了养家糊口，只好生硬地吞下对现实的种种不满。

根据职业生涯规划的相关理论，一个人想要拥有一个清晰的职业目标，从而有机会从事一份自己满意的工作，至少要满足两个条件：第一，对自己的特质有明确的认知，了解自己有哪些知识、技

能、兴趣等；第二，对职业种类有清晰的了解，知道自己所感兴趣的职业在用人方面有哪些具体的要求。

只有同时满足上述两个条件，一个人才能在诸多职业中做出一个绝佳的选择，明确自己的职业目标。然而，无论是了解自己，还是了解职业，都是一个漫长又艰难的过程，这需要一个人带着一定的假设在实践中不断摸索、在现实中不断试错，也就需要经历很多的坎坷和波折。

好消息是，虽然拥有一个明确的职业目标很难，但是拥有一个大概的人生方向却要容易很多。而拥有一个大概的人生方向，同样可以在奋斗路上给我们提供一定程度的指引，从而避免让自己彻底地陷入迷茫。

比如，目前的你，考虑未来做一名老师，这就算一个大概的人生方向。此时的你，也许还没有完全确定自己将来究竟是做一名小学老师、中学老师，还是大学老师，也不确定自己将来会教哪门学科。你只是感觉自己适合教书育人，并且非常享受向他人传授知识，以及帮助别人不断成长的乐趣。

你能做到这一步已经很不错了。因为一旦拥有了一个大概的人生方向之后，我们就可以对这个人生方向进行不断的探索和打磨，最终慢慢确立一个相对清晰的职业目标。

曾经有一段时间，我很纠结，不确定自己将来是要成为一名大学老师，还是成为一名企业培训师。前者对我来说更加稳定一些，而后者更能充分激发个人的潜力。不过，在那段时间我想清楚了一个问题，无论是留在大学做老师，还是到企业去做培训师，本质上都是做老师，这两份职业都可以通过知识的力量促进学生（学员）的成长。

也就是说，这两个选择其实都遵循着同一个人生方向。我之所以无法确定去做哪一个，说明做选择的时机还不成熟，可以等一段时间再做决定。我只要全身心地努力发展自己，将来无论是做大学老师，还是做企业培训师，都会起到促进作用。

后来，随着我对自己的了解不断深入，以及对大学教师和企业培训师这两个职业的了解逐渐深入，我慢慢确定了成为一名大学教师的目标。现在的我，在大学里面教着我个人非常喜欢的课程，很享受现在的生活状态。此时，我再回过头去想当年的那份纠结，发现当时真的没必要花那么多时间去耗费脑细胞，执着地要求当初的自己必须马上确立一个明确的职业目标。毕竟，当时做决策的时机还不够成熟。

一个人在确立职业目标的过程中，应该对“暂时性的模糊或特定性的迷茫”具有一定的容忍度，并且在心里告诉自己，只要先把人生的大概方向确立好，随着对自我探索和职业探索的不断深入，一个更为清晰明确的职业目标自然就会慢慢浮出水面。

人生有五大类方向，你的选择是什么

也许有人会说：“虽然确立人生方向比确立职业目标要容易

一些，但是我依然不知道自己应该确立什么样的人生方向，该怎么办？”

为了回答这个问题，我想和大家分享一个“通用版本”的五大类人生前进方向，希望能给大家带来一些启发。当然，接下来提到的这五大类人生前进方向，仍然属于比较粗线条的方向。我们可以在这些相对粗线条方向的基础上继续进行探索，最终使我们的人生前进方向越来越明确、越来越具体。

这五大类人生前进方向分别是：追求生命的高度、生命的深度、生命的宽度、生命的温度和生命的重度。

第一类方向：追求生命的高度。这一类人，成就动机特别强，做事的目的性也很强。他们喜欢和别人进行比较、竞争，他们把赚更多的钱或者晋升到更高的职位看作衡量个人价值的重要指标。为了达到上述目标，他们愿意放弃很多东西，比如，放弃休息和娱乐的时间，放弃和家人待在一起的时间。而最让他们感到开心的，就是在竞争中取胜的那一刻。

第二类方向：追求生命的深度。这一类人，渴望对某一知识领域进行深入的研究。他们享受智慧和思维本身所带来的乐趣，喜欢阅读，并就某个问题进行持续性的深入思考。最让他们感到开心的，就是为苦思冥想的某个问题找到了一个满意的答案。

第三类方向：追求生命的宽度。这一类人，渴望不断丰富人生的体验，喜欢与形形色色的人打交道。他们对世界、对他人始终抱有一颗好奇心。他们渴望自由，不喜欢被束缚。最让他们开心的事，是踏上一段全新的旅程，开启一番新的冒险，拥有持续不断的积极情绪体验。

第四类方向：追求生命的温度。这一类人，渴望心与心的交流，非常在乎人与人之间的情感连接。他们往往善于倾听、同理心强，乐于助人，不喜欢激烈的竞争。最让他们开心的事，是通过自己的努力，温暖他人的心灵，或者促进对方的成长。

第五类方向：追求生命的重度。这一类人，看轻物质层面的享受，特别注重精神世界的满足。他们很容易从自己所确立的信念和信仰中得到源源不断的前进动力。他们看重对人生意义的探索，并愿意为了内心坚守的信念付出持续不断的努力。正如司马迁所说："人固有一死，或重于泰山，或轻于鸿毛。"确信自己的人生充满意义的时候，是最让他们开心的时候。

对照以上五类人生前进的方向，我发现自己所追求的是生命的深度和温度。正是因为追求生命的深度，后来我选择了继续读博和持续写作，不断探索个人幸福领域的知识；正是因为追求生命的温度，后来我选择站在三尺讲台上成为一名教师，通过上课、演讲等方式传授让人变得更加幸福的知识。这两个人生方向糅合在一起，构成了我的一个人生整体前进方向——用通俗易懂的语言传播有用的心理学知识，帮助更多的人变得更加幸福。

当然，确立人生方向，不是一道简单的选择题——我们无法只凭直觉做出适合自己的选择。这个选择过程，往往需要我们进行不断的探索，甚至是在踏上一段错误的旅程之后，才逐渐清楚自己真正想要前进的方向。

通过不断的试错确立人生的方向

我通过一步步的探索，逐步使人生方向变得越来越明确。

我在大学本科阶段学的是心理学专业，但当时心理学是个非常冷门的专业，毕业的时候很难找到一份理想的工作。当时的我，为自己确立了一个大致的方向——毕业之后去教英语。我之所以会定这样一个方向，有两个原因：第一，当时英语培训市场很大，教英语很容易赚到钱；第二，我的英语成绩还算不错，在校内拿到了一些英语演讲比赛的奖项。

经过几年的努力，我终于在读研究生二年级的时候，成为国内一家知名英语培训机构的兼职英语培训教师。从表面上看，我的目标实现了，我应该非常开心。但是实际情况是，我发现做英语培训教师是一件很痛苦的事情，每个月我只有在发工资的那一天是最开心的。这也许是因为，自己当时想要做英语培训教师的主要动机就是为了多赚钱，无法从教孩子学英语本身得到太多的乐趣。

当时我主要负责教学生如何提升英语阅读理解部分的考试成绩，所以会花大量的时间去分析某一道题目为什么选A而不是选B。而在我的内心深处，对于应试教育本身是很抵触的，因为我更喜欢和学生分享个人成长的感悟。因此，每次上课给学生讲阅读理解题的时候，我都觉得时间过得很慢，内心饱受煎熬，身体也很容易感到疲惫。

反思担任英语培训教师的这段经历，我发现自己真正想要追求的并不是生命的高度（赚更多的钱），而是想要追求生命的温度（帮助别人在心灵层面获得成长）。

在读大学期间，我还有做学生干部的经历。这段经历，也对我确定人生方向起到了一定的作用。从大一开始，我就通过公开竞选的方式，开始担任班长以及学生会干部。因此，我对行政类工作有了一个初步的认识。虽然做学生干部可以有更多的机会去为身边的同学服务，这一点很吸引我，但是，做学生干部也意味着要去处理和应付各种各样的杂事，对一个人的时间、精力、人际交往能力、忍辱耐烦的能力都有很高的要求。

于是，在大三这一年，已经成为学生会副主席的我，决定放弃竞选学生会主席，想要把更多的时间和精力用在考研上面，因为我觉得待在自习室里复习会让内心变得很踏实。然而，当时身边有不少老师和同学对我的这个决定感到有些疑惑，他们当中有人问我："前面学生会干部工作做得好好的，为什么会放弃竞选学生会主席这个职位呢？"其实，我也觉得自己可以去竞选学生会主席，但是也许在潜意识里，我已经发觉自己更适合去追求生命的深度（考研深造），而不是追求生命的高度（竞选学生会主席）。

通过复盘上述两段经历，我对自己有了更加深刻的认识，也对自己想要追求生命温度和深度的人生前进方向，变得更加明确。

在研究生毕业之后，我选择了进入大学工作，由于只是硕士学历，所以只能利用晚上时间给学生上选修课。后来，我听从内心的召唤，克服了重重困难，通过几年的努力，终于拿到了博士学位，成为一名大学专任教师。现在，我站在讲台上的时候，充满了兴趣和热情，迫不及待地想要把自己学到的知识分享给学生，希望通过自己的努力可以让学生变得更加幸福。

此外，我还会利用业余时间坚持写作，对一些问题进行较为深入的研究。通过不断的试错和探索，我现在终于找到了一份可以同时满足我对人生温度和深度追求的工作，所以我现在每天去上班的时候，都有很强的幸福感。

总之，我们在探索人生前进方向的时候，很有可能在一开始就踏上一条看似错误的道路，或者做出一些错误的选择。但是，这些错误的选择都是有价值的。因为从这些错误的选择当中，在和挫折不断抗争的过程中，我们能不断加深对自己的了解和认识。我们只要能够对错误的选择进行及时的反思，不断从中吸取经验，多一点勇气、魄力和毅力，就能慢慢转移到正确的人生方向上来。

确立人生方向需要完成的三项思维升级

要想确立人生前进的方向，除了需要不断试错，我认为还需要完成以下三项思维升级。

1. 知道成功是多元化的

不少人会直接把成功等同于赚大钱和做大官，认为只有追求人生高度的人才有机会获得真正的成功。这种观念，其实属于“一元化”的成功观。每个人脾气秉性不同，每个人的潜力不同，所以人们的前进方向也会有所不同。我们只要能在自己擅长并感兴趣的领域持续地精进，无论选择去山区支教，还是跑去非洲研究大猩猩，都是一种成功。

当然，我并不是要否定追求人生高度的人。比如，有的人想要赚更多的钱，是因为他对投资和理财很感兴趣，赚钱的过程可以充分激发他的个人潜力。而且，在努力赚钱的过程中，他的个人能力也能得到不断的提升。在赚到钱之后，他还想着如何用钱去更好地奉献社会。再比如，有的人想做更大的官，并不是单纯地渴望权力，而是想要更好地发挥自己的优势，去为人民服务。一个人如果出于以上动机去追求人生的高度，那么这种成功观就值得推崇了。

2. 重视内在的兴趣和动机

我们在确立人生前进方向的时候，一定不要过分关注外在的奖励，而是要尊重自己的内在兴趣和动机。因为只有尊重自己的内在兴趣和动机，我们才能在前进的过程中得到充分的满足感和幸福感。

也许有人会问，只在乎内在兴趣和动机，那赚不到钱怎么办？难道不需要考虑怎么养活自己？事实上，如果把眼光放得长远一些，做自己真正感兴趣的事情和赚钱并不矛盾。

在某一次培训班上，我认识了一位从外企项目经理职位上跳槽出来做心理咨询师的中年男人。他已经40岁了，却放弃了外企优厚的待遇，一心从事自己真正喜欢的心理咨询师工作。他和我很像，都是那种想追求生命深度和温度的人。

开始的时候，他的生活的确过得有些艰难，但是他对心理咨询充满了浓厚的兴趣。在培训班上，他总是积极发言，课后他一直在持续不断地精进自己的咨询技能。在跳槽出来的第四个年头，他做心理咨询师的收入已经超过了他之前在外企工作时的待遇。更为关键的是，他是通过从事自己真正感兴趣的工作赚到了令他非常满意的收入！当跟我谈到这段经历的时候，他眉飞色舞，整个人容光焕发，精神状态极佳。

德国知名理财大师博多·舍费尔在畅销书《财务自由之路》中就曾明确地提出建议："将你的事业建立在你最大的爱好之上，用你的爱好来赚钱。花点时间分析一下，你真正感兴趣的是什么、你的才能在哪方面，之后你才有可能从事一份自己既感兴趣又能赚钱的工作。"①

3. 学会断舍离

想要确定自己的人生前进方向，还有一点十分重要，那就是

---

①［德］博多·舍费尔.财务自由之路[M].刘欢，译.北京：现代出版社，2017：9.

要学会断舍离——也许你想追求的人生方向有很多，但是人的精力是有限的，你必须从自己想要追求的人生方向中选出你最想前进的方向。

我的一位同学，他的情商非常高，在读大学的时候就一直担任学校的学生会干部。研究生毕业之后，他选择了留校工作。他工作十分出色，当他工作了五六年时间之后，在有很大机会晋升到更高级别的管理岗位的时候，他却选择急流勇退，辞掉了工作去读博士研究生。

听到这个消息之后，我感到十分诧异。在一次一起吃饭的时候，他对我说出了实情。原来，他一直觉得与从事行政工作相比，自己更适合从事教学工作。虽然他也可以把行政工作做得十分出色，但是他觉得生命是有限的，接下来，他想把最宝贵的时光用来做他真正想做的事情。

他的勇气让我钦佩。而他后面的人生轨迹也印证了一点：一个人如果找到了自己真正想要前进的人生方向，就会焕发出更大的活力。他仅用三年时间就拿到了博士学位，并且很快被破格晋升副教授，成为硕士研究生导师。

我的这位同学，原本可以选择去追求生命的高度，但是他在审问了自己的内心之后，发现自己更适合去追求生命的深度。最终，他拿出了断舍离的魄力，走上了更加适合自己的人生前进道路，生命也因此焕发出了更加夺目的光彩。

思维18

发现个人优势，并寻找机会发挥它

一个人最幸福的时刻，就是他能发挥优势的时候

从2013年第一次在学校讲积极心理学的课算起，我在普及积极心理学知识这条路上已经行走了多年时间。当初积极心理学特别吸引我的一个原因，就是积极心理学之父马丁·塞利格曼对幸福下的一个定义：所谓幸福的生活，就是“找到你的优势并发挥它”。[①]

第一次读到这个理念，我就觉得这句话说得实在是太妙了！回想自己存在感、成就感特别强烈的那些时刻，几乎每一个时刻都和优势发挥有关。无论是给学生讲一堂充满启发的幸福课，还是受邀去做心理学知识的主题分享，我都能体会到那种时光过得飞快、酣

① [美]马丁·塞利格曼.真实的幸福[M].洪兰，译.沈阳：万卷出版公司，2010：127.

畅淋漓的“心流体验”！

你只有在发挥优势的那一刻，才会觉得人生原来如此美妙，生活原来如此美好。早在古希腊时期，亚里士多德就开始提倡这种发挥优势的理念。他曾说过，如果你是一匹马，你就应该去奔跑。

接下来，我们再看看巴菲特的故事。有一次，投资大师巴菲特对一群大学生说出了自己成功的秘诀——每天早上起床之后，他都有机会去做自己最爱的事情。

对于巴菲特来说，他最爱的事情是什么？投资。投资是他的职业，也是他热爱的事业。那么，为什么他会对投资这件事如此热爱和痴迷？因为投资这件事情能够充分发挥他的优势。

巴菲特有三项独特的优势：极具耐心、注重实际、善于授权。他把自己的这三项优势巧妙地运用到了他的投资事业中。首先，他在投资的过程中具有十足的耐心，只有当他对一家公司未来20年的发展怀有充足信心的时候，才会选择投资这家公司；其次，他在投资的过程中注重实际，对各种各样的投资理论不盲目迷信，而是相信和坚持自己的判断；最后，他善于授权，放手让自己信任的人去进行一些日常的管理，从而让自己有机会专注地去做更加重要的事情。①

由于有足够多的机会让他在投资事业中不断地发挥个人的优

① [美] 马库斯·白金汉，唐纳德·克利夫顿.现在，发现你的优势[M].方晓光，译.北京：中国青年出版社，2002：34.

势，巴菲特体会到了强烈的成就感和幸福感。

然而，不可否认的是，在现实生活中，很多人受到管理学中一个被广泛传播的概念“短板理论”的影响，过分关注自己的劣势，花很长时间去改正自己的缺点，导致自己没有时间和机会去发掘自己的优势，最终使自己离幸福越来越远。

“短板理论”也被称为“木桶理论”，指决定一个木桶盛水量的关键因素是最短的那块木板，如果想使木桶的盛水量增加，就必须弥补短板。如果将短板理论运用到个人发展上，该理念强调一个人要努力弥补自己的劣势和不足，这样才有机会取得更大的发展空间。

而积极心理学强调的理念恰巧与“短板理论”完全相反，我们可以将积极心理学中“强调个人优势的发挥”这一理念定义为“长板理论”。“长板理论”包含两个重要的支撑观念：第一，每个人都具有与众不同的天赋和优势；第二，每个人最大的成长空间就在于有机会去运用和发挥自己的优势。①

三个方法，帮你探索和发现个人优势

那么，我们如何才能找到自己的优势呢？结合心理学的理论和个人的实践经验，我总结出了探索和发现个人优势的三个方法，在

①［美］马库斯·白金汉，唐纳德·克利夫顿.现在，发现你的优势[M].方晓光，译.北京：中国青年出版社，2002：25.

这里和大家分享一下。

第一个方法：记录幸福瞬间

在幸福课上，我经常给学生布置的一个作业就是记录幸福瞬间——每当学生遇到让自己感觉幸福的事情，就可以花点时间把这件事情记录下来。这个作业，一方面可以帮助学生养成发现幸福的习惯；另一方面，可以帮助一个人发现自己的优势。

根据积极心理学对幸福的解释，当一个人感受到深深幸福感的时刻，有可能正是他的优势得到充分发挥的时刻。那么我们就可以通过自己感到幸福的瞬间，尤其是那些能够感受到心流体验的幸福瞬间去倒推自己的优势。

比如，我坚持记录了一段时间自己的幸福瞬间后发现，自己感到特别幸福的时刻往往都是在讲完一堂课或者做完一场讲座后，听众给了我特别积极的反馈的时刻。这个时候，我会感受到一股强烈的成就感和幸福感。慢慢地，我就逐渐明确了“演讲或者讲课”是我个人一个独一无二的优势。

第二个方法：借助心理测评

此外，我们还可以借助工具和他人的力量探索个人优势。比如，我们可以借助一些心理测评去探索个人优势。在采用心理测评的时候，我建议多做几个不同类型的测评，这样比较容易形成对自我个性比较全面、立体、丰富的认识，而不是拘泥于一个测评的结果，导致对自我的认知受到限制。

比较推荐大家去做的几个和优势相关的测评包括：积极心理学之父马丁·塞利格曼所推崇的性格优势测试，《现在，发现你的优势》一书中所提到的盖洛普“优势识别器”测试，以及霍兰德职业性格测试。

虽然霍兰德职业性格测试并不是一个直接测量优势的工具，但是它可以通过测出一个人的职业兴趣类型的方式提示一个人的可能优势。比如，该测试将人分为六种不同的职业兴趣类型，其中一种类型叫作企业型，而我们可以从有关企业型人的特征描述中发现这一类型的人所具有的一些共同优势——具有一定的领导力、喜欢竞争和冒险、做事目的性很强等。

第三个方法：翻转个人劣势

很多人对自己的优势往往不了解，但是对自己的劣势却很清楚。这也许和很多人从小受到的教育有很大关系——他们经常被责令去改正自己的缺点，而不是经常被鼓励去发扬自己的优点。

然而，优势和劣势就如同一枚硬币的正反两面，我们只要能发现其中一面，就很容易知道或推测出另一面。在这里，我和大家分享一个发现个人优势的独特方法——翻转个人劣势。

一开始，我并不接纳自己身上所具备的三项劣势——内向、敏感、偏悲观，后来我发现了这些劣势所对应的优势，就越来越接纳自己的个性。

首先，正是因为内向的个性，让我总是倾向于向“内”寻找答案，在研究问题的时候不自觉地去追求深度，而不是浅尝辄止。正是因为想要对某个问题进行深入研究的内在动力，才让我能够在自己感兴趣的领域进行较为深入的研究，并且立志成为这个领域的专家。

其次，正是因为敏感的个性，才让我的感情变得十分细腻，使我具备了写作方面的优势。对于很多人来说，写作的时候会发愁自己没有素材可写。但是对于敏感的我来说，搜集素材从来都不是一件难事——别人的一个眼神，一本书中的某个观点，自己所经历的一件小事，都会成为我的写作素材。一开始，我非常讨厌自己敏感的性格，凡事都容易多想，感到十分心累。但是自从开始写作后，我发现这项劣势就变成了优势。而且写作也为我提供了一个很好的情绪释放通道，让我有机会能够把很多消极情绪表达出来，而不是藏在心底持续地消耗我的心理能量。

最后，正是因为偏悲观的个性，才让我拥有了较强的风险控制意识，从而让我的人生道路走得相对来说比较稳健。比如，当身边的朋友向我推荐那些收益率非常高的理财产品的时候，我通常都有自己的判断，不会盲目轻信。而我自己，则会对那些经过一番深入研究后挑选出来的行业指数基金坚持长期定投，最终取得了不错的收益。也正因为偏悲观的个性，我一直有着比较强烈的忧患意识，不敢轻易停下前进的脚步。

虽然我现在的工作非常稳定，但我还是经常会问自己这样一个问题："假如我现在失业了，我可以靠哪些技能养活自己？"正因为拥有这样一种忧患意识，我不断克服惰性去发展自己，无论是写文章，还是积极参加培训磨炼自己的讲课、咨询技能，都是为了让自己不断变得更加强大。

不要让金子蒙上尘土：努力去发挥优势

发现个人优势只是第一步，更加重要的是第二步——寻找机会努力去发挥个人优势。一个人如果知道自己的优势却没有机会去发挥，就如同让金子蒙上了尘土，遮住了原本属于自己的耀眼光芒。

如何才能更好地去发挥个人优势呢？接下来，我就和大家分享三个具体的方法。

1. 不要低估发挥优势所释放出来的巨大能量

2021年，我下了很大的决心，离开了工作十年的地方，换了一份崭新的工作。新工作最吸引我的地方就是，它可以让我有更大的空间充分发挥自己的优势，让我有足够多的时间和精力全身心地投身于自己热爱的教学事业。

虽然新工作对我很有吸引力，但是要离开一个工作十年的地方，也需要下很大的决心。第一，原单位的领导和同事都对我很好，这份情谊很难一下子就放下。第二，原单位的工资、福利和待遇都很好，也非常稳定，每年都有大量重点大学毕业的人才想要挤进来，自己当时也是过五关斩六将才拿到offer的，而现在自己居然想要主动放弃，身边的很多人都很难理解。第三，跳槽之前，我马上就要35岁了，这个年龄在人才市场上不是很占优势。

不过，最终我还是鼓起勇气辞职了。之前在给学生上幸福课的时候，我一直都在跟学生强调“发挥个人优势去做事”的重要性。现在，轮到自己做选择的时候，我也应当毫不犹豫地去践行。作为一个老师，如果对学生说的很多道理，自己都无法做到，那么今后站在讲台上，我说出来的话就会显得很空洞，内心也会发虚。

进入新单位工作了一段时间后，我有了更多的机会去发挥自己的优势。我有了更多的时间去打磨自己的课程，去和学生认真地交流，就自己感兴趣的领域进行深入的研究。在做这些事情的过程中，我有很强的满足感、胜任感和幸福感。每天骑着共享单车去上班的时候，我都会忍不住在心里感叹：“原来生活可以这么美好！”

在新单位工作的第一个教师节，我就收到了不少来自学生的祝福。走在校园里，我还能经常遇到一些学生跑过来热情洋溢地和我打招呼。这一切，都让我感觉非常有成就感和满足感。这种成就感和满足感，类似于巅峰体验，不是单位加一点工资或者发一些福利所能轻松带来的。

一个人在发挥自己优势去做事情的时候，真的可以迸发出巨大的能量。由于热爱教学，无论是上课、备课，还是和学生交流，我都能从中找到很大的乐趣。我甚至发现，上班和下班的界限都逐渐变得模糊了。比如，有时候即使下班之后仍然坐在办公室备课，我也不会觉得自己是在加班，只是觉得自己正在做真正感兴趣的事情而已。总之，做自己真正热爱的事情的时候，我不会嫌累。

由于新的工作促进了个人幸福感的不断提升，我慢慢发现，自己的身体状态和精神状态也得到了极大的改善。

虽然没有一份工作是百分之百完美的，也没有一份工作能够百分之百符合我们的心意，但是如果我们能够有机会在工作中尽可能多地发挥自身优势，那么这份工作就可以被称为完美的工作。

现在，我虽然经常向身边的人表达我对工作的满意之情，但并不意味着这份工作就没有任何让我感到头疼抓狂、心烦意乱的事情。只不过这份工作能够让我充分发挥个人优势，我因此就愿意去包容那些让我感到不顺心的事情，愿意把这份不完美的工作看作一份完美的工作。

2. 改造自己的工作，争取拥有更多发挥优势的机会

如果现在的工作无法让你充分发挥个人优势，你还想要生活得更加幸福，那么你就面临着两个选择：第一个选择，换一个岗位或者换一份工作；第二个选择，对目前所做的工作进行改造，争取使这份工作能够让你发挥个人优势。

相比第二个选择，第一个选择显得更为激进一些，建议有类似想法的朋友最好经过一番深思熟虑后再行动。而第二个选择，则显得更加保守和稳妥一些，比较适合那些厌恶风险、不愿放弃当下工

作的人尝试。

在《真实的幸福》一书中，作者马丁·塞利格曼教授曾以律师行业为例，介绍了一些律师如何在不换工作的前提下，通过对自己的工作进行改造的方式，让自己获得更多发挥优势的机会，从而提升了职业幸福感。

比如，一位女律师莎曼珊，她是一个充满热情的人。但是，从事律师行业需要的是冷静和理性，而不是太多的热情。后来，莎曼珊争取到一个机会对自己的工作进行改造，从而拥有了更多发挥个人优势的机会。她的老板允许她除了收集医疗纠纷的相关案件资料，还可以去公司的公关部门协助提升本公司的形象，参与设计公司的广告和海报，这样她的“热情”优势就有了一定的施展空间，进而有机会在工作中获得更多的成就感。①

在从工作了十年的单位辞职之前，我也曾尝试过对原先的工作进行一番改造，从而让自己拥有更多发挥优势的机会。

在原单位工作的时候，我慢慢发现，自己的优势在于我的心理学专业背景、善于说服别人、善于从思想上去影响别人。于是在做好行政工作的同时，我开始在学校开设幸福课，写微信订阅号文章，传播积极心理学的知识和相关理念。

当然，我去做这些能发挥自己优势的事情，意味着要牺牲很多

① [美] 马丁·塞利格曼.真实的幸福[M].洪兰，译.沈阳：万卷出版公司，2010：188.

业余时间。例如，我经常需要在上了一天班之后，晚上接着给学生讲两个多小时的幸福课，还要坚持早起或晚睡来完成微信订阅号文章的写作。虽然很累，但是我认为一切努力都是值得的。正是对原先所从事的工作进行的一番改造，为我增加了很多的积极情绪，帮我熬过了很多黑暗的时光，在一定程度上缓解了我的职业倦怠感。

当然，你如果做了很多尝试和努力、对工作进行了很多改造，却依然发现这份工作很难拥有发挥个人优势的机会，那么这个时候就可以鼓起勇气、下定决心考虑换一份工作。毕竟人生苦短，一个人一直为了一份可怜的薪水或福利守着一份自己完全不热爱又无法发挥个人优势的工作，会错过人生的很多精彩故事。这样的一生，实在是太不划算了。

3. 要想将天赋兑换成优势，需要后天持续不断的努力

有些人把优势这个词和天赋画上了等号，认为优势就是与生俱来的、从天而降的、不需要付出任何额外的努力就可以轻松获得的特质。所以无论是想要成功，还是想要幸福，只要把隐藏在自己身上的优势找出来，然后在现实生活中运用好就可以了。

这种观点，就如同相信想得到美好的爱情不需要付出任何努力一样不靠谱。美好的爱情，需要一个人花费大量的时间进行自我提升和完善，最终通过两个人用心的经营才能培育出来。

个人的优势也是如此。我们往往需要进行不断的探索，然后

进行不断的打磨和持续的精进，才有机会找到并充分发挥自己的优势。在《现在，发现你的优势》一书中，作者将优势定义为天赋、知识、技能三者的结合。我们可以用下面的公式来表示：优势=天赋+知识+技能。①

其中，天赋是先天拥有的特质，而知识和技能则需要通过后天学习和实践才能培养出来。通过这个公式我们可以发现，找到自己的天赋也许比较容易，但是要想把天赋兑换成优势，则需要后天不懈的努力。具体来说，我们需要首先发现自己的天赋所在，然后运用知识和技能，将自己的天赋转化为优势。

比如，我的朋友小Q是一个具有演讲天赋的人，他喜欢主持和演讲，他的声音富有磁性、抑扬顿挫，每次站到讲台上，他都感觉很兴奋。可问题是，演讲时他讲的故事总是很老套，给人一种高高在上的感觉，无法打动人心。后来，小Q报名参加了一个演讲培训班。培训班的教练敏锐地发现了小Q的问题所在，建议小Q今后在演讲的时候可以多讲一些发生在自己身边的案例。因为讲述发生在自己身边的案例，自己的感受更为真切，他讲出来后更容易打动听众的心。

小Q接受了教练的建议，开始用心收集和挖掘发生在自己身边的一些故事，为了防止遗忘，他不仅把这些故事记录在手机里，还找

---

①［美］马库斯·白金汉，唐纳德·克利夫顿.现在，发现你的优势[M].方晓光，译.北京：中国青年出版社，2002：42-43.

机会和身边的人分享这些故事，寻求一些反馈。慢慢地，小Q的演讲中增加了很多饱含真情实感的故事，他的演讲变得比之前更加有穿透力，也更受听众欢迎了。

反思小Q的案例，我们可以发现，小Q具有演讲的天赋，但是这个天赋需要在运用一些演讲知识和技能的基础上才能得到充分的发挥。他如果不主动去学习一些有关演讲的知识，不去磨炼自己有关演讲的技能，那么他很可能一直无法得到来自听众的积极反馈，这样他就很容易心灰意冷，说不定会放弃演讲方面的工作。如此一来，小Q就会尘封自己的优势，失去一个人在发挥优势时所能品味到的那种畅快淋漓的成就感和幸福感。

你考虑过自己的优势是什么吗？你又将如何创造机会在工作和生活中发挥你的优势呢？

思维19
学会高效努力，停止感动自己

请停止自我感动式的努力

高考的时候，我感觉自己已经用尽全力，但是依然没能考入理想的大学。

至今我还记得，高考分数出来之后，班主任打电话询问我的分数，随后电话那头就传来一声失望的叹息，因为班主任对我寄予了厚望。毕竟，在高考前的最后一次摸底考试中，我考了全班第一，很有希望冲击名牌高校。

家里人也觉得很失望，成绩出来没多久，他们就提出了复读的建议。但我马上拒绝了这个建议，因为当时的我觉得，三年的高中学习生涯，我真的已经尽力了，实在没有勇气再熬一年。

虽然每个人的高中生涯都很苦，但是我觉得自己更苦，每天早上6点就要起来跑操，晚上一直要熬到夜里12点才能睡觉。当时我竟然喜欢和寝室的人比谁睡得最晚，因为我觉得睡得最晚的人，才是最努力的人，才有资格取得最好的成绩。

每天在寝室统一熄灯后，我就拿出早已准备好的蓄电池手电筒，继续在被窝里学习一会儿，或者多做一张数学卷子，或者再背一会儿英语单词。反正要熬到所有人都关掉手电筒睡觉了，我才肯放过自己，然后踏实地睡觉。

当时的我，深深地痴迷于这种自我感动式的努力。我有意把自己的生活过得很苦、很累，认为这样一定能感动上天，最终在高考中取得好成绩。

然而，考试不是根据一个人是否感动了自己、感动了上天而确定分数的，而是根据你是否彻底掌握了所要考查的知识点测评出成绩的。如果你真正地掌握了考核的知识点，即使你没有熬夜学习，即使你不是每晚最后一个睡觉的人，即使你没有那么争分夺秒，也可以取得非常好的成绩。

也就是说，我们需要的不是自我感动式的低效努力，而是需要一种讲究方法的高效努力。因为越来越深刻地觉知自我感动式的努力根本无法给人生带来质的转变，并且带有很强的自我欺骗性，所以在过去几年中我一直在探索高效努力的方法，并且专门写过一本书——《高效努力：找准奋斗的正确方式》。

那么，到底怎样的努力才算高效努力呢？在回答这个问题之前，让我们先花点时间看清什么是低效努力，了解一下低效努力的三个显著特征。

低效努力的第一个特征：缺少明确的目标

我的一个学生，一直感觉自己在大学里的生活过得浑浑噩噩。于是有一天，他发愤图强，想要做出一点改变。他想先从模仿很多成功人士所具备的一个习惯开始——坚持早起。

这个学生还算有毅力，自从下定决心早起开始，每天早起后都会发一个朋友圈，连续打卡好多天。后来有一天，他过来找我，自从开始坚持早起后，他慢慢戒掉了熬夜的习惯，可是他的生活并没有因此发生太多的改变，他依然觉得自己的生活不够充实。

于是，我问了他一个问题："早起之后一直到上早课之前的这段时间，你通常是怎么安排的？""起床之后，我通常会去操场上跑跑步，然后发一个朋友圈，接着就是刷刷手机、吃个早饭什么的。有早课的话，我会提前去教室，有时会和同学聊聊天。"学生回答道。

听到这里，我便发现了问题所在。"早起"只是我们达成某一个目标的手段，它并不是一个最终目的。我们如果只是为了早起而早起，那么这种早起就没有太大的意义。但是假如我们为了读书而早起或者为了学习某项技能而早起，那么早起的这段时间才会被充分利用，从而发挥其应有的价值。如果缺少一个明确的目标，我们做事情就会缺乏充分的动力，早起的这段时间就很容易被浪费。

缺少明确的目标是低效努力的一个显著特征。需要注意的是，有的人看似有一个目标，但由于不够明确，同样容易陷入低效努力的泥潭。比如，有的人的目标是——"打算在周末时间读读书，给自己充充电”。这就是一个模糊的目标，不具有任何的激励作用。在这种模糊目标的作用下，最终结局很可能是这个人只是在周末随手翻阅了几页书，然后花了大部分时间漫无目的地玩手机。

但是，假如一个人能够给自己制定一个“这周末务必要把某本书读完”的目标，就很容易让自己用尽全身力气去完成这个目标，还会提高读书的效率，这就是拥有一个明确目标所能带来的积极意义。

低效努力的第二个特征：缺乏必要的挑战

每个人或多或少都会有一些贪图安逸的心理，所以很多人都愿意停留在自己的舒适区。然而，我们如果总是选择停留在自己的舒适区，就很难学到新的东西，也很难习得新的能力，因为所有的成长，都发生在舒适区之外。

每次我让儿子去弹钢琴的时候，他总是喜欢去弹自己已经熟悉的钢琴曲。因为他弹自己熟悉的钢琴曲，不需要付出吹灰之力，就能弹出美妙的乐曲，然后他可以在“自己好厉害”的感觉中沉浸好长时间。但是，他如果只弹自己喜欢的乐曲，是无法取得更大进步的，最多只能原地踏步。他只有走出舒适区，给自己必要的挑战，尝试去弹自己不熟练的乐曲，将自己不熟练的乐曲慢慢磨熟，才能真正磨炼自己弹钢琴的技艺。

学习知识也是同样的道理，我们只有走出舒适区，给自己必要的挑战，才有机会学到真正的东西。读高三的时候，每天晚上寝室熄灯之后，我自己还会挑灯夜战一会儿，这看起来非常励志。但当时熬夜学习的过程，我清晰地记得，经常给自己提的要求就是多做一套试卷。

在做试卷的过程中，我会花很长时间去做那些已经熟悉的题目，但是对于那些不会的题目却避而远之。而对于那些做错的题目，我又没有花足够多的时间去整理和纠错。这样做导致的一个结果就是，掌握知识的水平很容易停留在原地。因为我要想提升考试分数，就要向那些自己不会的题目发起冲击，那些不会的或者做错的题目才是自己的知识盲区，而只有掌握了自己原本不会的知识，才能提高自己的成绩。

低效努力的第三个特征：没有精准的反馈

我从2014年开始尝试进行持续写作。刚开始写作的时候，我通常只是在微信订阅号上发发文章，然后家人或者几位要好的朋友就纷纷在朋友圈帮我转发文章，而我就会沉浸在自己很厉害的幻觉中。

就这样写了一两年时间后，我发现自己在写作方面并没有太大的长进，很多文章看起来就像一个人的独白或者呢喃自语，除了家人，并不能让更多人产生阅读的欲望，即使有人读完文章，也很难获得很大的启发。

于是，我开始思考：问题到底出在哪里，我究竟该如何做才能提升自己的写作水平呢？后来，我做对了一件事情——去更专业的写作平台上投稿，让我的写作水平较之前有了很大的提升。

当时我选择的投稿平台是简书。简书那时正值发展黄金期，自带很多流量。如果文章写得足够好，会被编辑推荐到首页，文章就可以得到大量的曝光以及很多读者的关注。刚开始投稿的那段时间，我面临的最大问题就是，自己的文章很难被推荐到首页。我就发私信给该专题的编辑，询问自己投稿首页的文章被拒绝的原因。

有时候，一些热心的编辑就会给我提出一些反馈和建议，比如，文章题目不够吸引人，或者文章干货不多，或者文章排版有问题等。正是在专题编辑的这种源源不断的反馈过程中，我快速地发现了自己在写作过程中存在的一系列问题，然后进行了一些有针对性的改进。

除了编辑所提供的一些反馈，我在平台上发的文章还会收到读者的一些反馈。我会根据读者的点赞数、评论数、转发数去了解读者关注的一些话题，以及不断揣摩和提升自己的写作技巧。后来，我的文章就经常有机会被推荐到简书首页，我也因此得到了图书出版公司的关注，从而有机会出版了几本书。这些小小的成就的取得，都和我有机会接收到源源不断的反馈，从而做出有针对性的努力和改进有很大的关系。

一个人如果只是长时间闭门造车，无法得到一些有价值的反馈，那么这种默默的努力就无法为一个人带来任何价值或者提升任何竞争力。

学习任何知识和技能，能够获得一些精准的反馈是特别重要的一件事情。环顾四周，那些成长速度特别快的人，往往就是那些不仅肯努力，又有机会得到各种源源不断反馈的人。为了获得更加清晰的反馈，有的人会不断向比自己更加厉害的人请教，有的人会给自己请一个优秀的教练，有的人会加入那种为学习者提供精准反馈的训练营，从而让自己有机会不断地调整努力的方向，使努力变得更加高效、有价值。

高效努力=有目的+有挑战+有反馈

而真正高效的努力，也应该具备三个必要的组成部分——有目的、有挑战、有反馈。

缺少这三个组成要素中的任何一个，都有可能导致我们的刻苦努力变成低品质的勤奋。由于早年不懂得高效努力，我还有过一段非常“惨痛”的经历。

记得当年考驾照的时候，我通过朋友介绍认识了一位资深的驾校教练，跟着他学习开车。在学车的过程中，这位教练对我格外关照。同组的人犯错误的时候，他会狠狠地批评，但是在我犯错的时候，他却很少批评，只是点到为止。

可问题是，我是那种一上车就容易紧张的人，所以学习的进度总是落后于小组的其他成员。我有些不甘心。中午的时候，其他学员都回家睡午觉了，教练就把车钥匙给我，允许我在训练场地上多练习一会儿。于是，我放弃了每天中午休息的时间，一个人在训练场地上继续练车。当时，我对自己要求很严格，每天都要求自己至少多练习一个小时。

我那么努力地去练车，结果，在科目二的考试中，我却是我们小组中唯一没通过的人。上车考试的时候，我还是非常紧张，用掉了两次机会，都没达标。拿到考试结果之后，我感觉非常泄气。教练也感觉有些不解，毕竟在他所带的学员中，我是看起来最为努力刻苦的一个人。

这件事对我触动很大。我一直都特别相信“付出一定会有收获”“越努力，越幸运”等朴素的道理，但事实证明，要想使得这些结论统统成立，都离不开一个重要的前提，那就是要学会高效努力。

复盘上述这段学车的经历，我发现自己在努力过程中存在的一个最大问题就是——缺少构成高效努力的三个重要因素。

1. 有目的——拥有明确的努力目标

我们只有具备明确的努力目标，才能变得更加专注和高效，不会浑浑噩噩地熬时间。

学车的时候，虽然每天中午我都给自己安排一个小时的练车时间，但是在练车的过程中，我缺乏一个明确的目标。当时，我在练习的时候主要考虑的是如何把这一个小时的时间耗完，而没有认真考虑每天中午到底重点练习哪一项驾驶技术。比如，到底是练习侧方停车还是倒车入库，抑或这次练习达到何种程度才算完成了当天的训练目标。

如果重来一遍，我会给自己设置一个更加明确的努力目标。比如，今天中午的训练目标是——10次倒车入库，自己至少要成功地做到9次倒车入库，一旦达到这项训练目标，就可以休息，不必在那里浪费时间。

2. 有挑战——敢于突破自己的舒适区

我们只有敢于突破自己的舒适区，接受一定的挑战，才有机会不断成长。自己整天在舒适区待着，学不到一点新的东西。

我在练车的过程中，虽然表面上看起来很努力，但是实际上我的驾驶技能没有一点长进。因为当时我花费了大量的时间去练习自己已经熟悉的技能，不愿意去挑战自己的弱项。另外，考试场地和训练场地离得并不远，只要和管理人员打声招呼，就可以开进考试场地去练习，但是我碍于面子，一直坚持在自己熟悉的训练场地上过度练习着自己已经熟悉的技能。结果考试的时候，由于不太熟悉考试场地，我十分紧张，最终不得不参加补考。

3. 有反馈——知道自己的改进方向

在学习某门知识或某项技能的时候，我们只有得到源源不断的反馈，才知道自己是否在沿着正确的方向前进，以及下一步的改进方向。

在学车时，虽然我通过熟人介绍找到了一位口碑很好的教练。

但恰恰因为是熟人介绍，这位教练对我太温柔了，他减少了对我的批评。由于缺少足够多的反馈，我对自己的弱项认识得不够深入，导致第一次考试没过关。

从高效努力的角度来看，一位好教练或者好教师的最大价值，就是能够指出学生的不足之处，并且有针对性地提出一些改进建议。如果这位教练或者教师无法做到上述这一点，即使他的态度很和蔼、经验很丰富、人气很高，也没有资格被称为一位好教练或好教师，因为他无法让学生取得真正的进步。

“高效”和“努力”相结合，才能提升个人竞争力

虽然我花了很大的篇幅讲高效努力的重要性，但这并不意味着一个人一旦掌握了高效努力的方法，今后就不需要再努力了。尽管网上很多人在宣扬“方法比努力更重要”“平台比努力更重要”等观点，但是我们一定要保持清醒的头脑。

毕竟，任何高效的方法，都无法代替踏踏实实的努力。环顾四周，多少头脑聪明的人，他们的大脑里从来不缺方法，却因为缺少踏踏实实的行动，最终聪明反被聪明误。

策划了脱口秀节目的李诞曾经给刚刚讲脱口秀的朋友提出过一个实操性非常强的建议——请写“逐字稿”。为什么要写逐字稿呢？他解释说，刚刚入行的人，嘴里通常会有很多口头禅，比如，“嗯啊”“这个那个”“然后”等。一个人之所以会有很多口头

禅，本质上还是因为表演的时候很紧张，加上他的准备又不是很充分。

你沉下心来写逐字稿的过程，实际上就是为表演做好充分准备的过程，当然，写逐字稿并不意味着表演的时候就要把逐字稿一字不落地背出来。关键是在写逐字稿的过程当中，演员就可以有机会去预演自己的表演。这样自己站上舞台的时候，就会显得更加从容淡定，游刃有余。①

我相信，一名好的脱口秀演员，当他在台上专注表演、通过不经意的几句话就把台底下的观众逗得哈哈大笑的时候，他一定在上台之前做了非常充分的准备。也许他是一个有着明确目标的人，也许他是一个不断挑战自己的人，也许他是一个得到大师指点的人，但是在这些表象背后，他首先应该是一个十分努力的人。

从第一次在大学给学生讲课开始算起，至今我已经有十多年教龄了。在十多年的教学生涯中，自己已经掌握了不少的授课技巧，对于各种场合的演讲基本上驾轻就熟。换言之，在讲课方法和技巧层面，我已经积累了很多经验。

但是，我依然发现，即使再熟悉的课程，在上课之前也要做充分的准备。比如，给熟悉的课件加上一些新鲜的案例，针对不同的授课群体采用不同的授课风格，花点时间去了解授课群体的兴趣点或关注点在哪里等。

---

①李诞.李诞脱口秀工作手册[M].南京：江苏凤凰文艺出版社，2021：23.

我如果不去主动做一些课程的改进或者课前的准备，在讲熟悉的课程的时候，就很容易感觉没劲，有时候甚至感觉自己就像一台复读机，听众也会敏锐地发现这一点，导致他们听得也不专心。

即使拥有高超的授课技巧和临场应变能力，优秀的教师也应当把熟悉的课程当作全新的课程去准备，认真地对待每一次授课，全身心投入地去备课。

总之，掌握高效努力的方法很重要。我们在学习知识或技能的时候，一定要牢记“有目的、有挑战、有反馈”的九字要诀。这九个字，可以让我们的努力事半功倍。但是无论学习了哪种高效的方法，都无法代替踏踏实实的努力，因为只有“高效”和“努力”相结合，才能真正提升一个人的竞争力。

思维20

练就成长思维，变压力为动力

从压力巨大的面试中成功突围

“大家好，我叫小杰，我毕业于×××大学（国内某知名外国语大学），我是学日语专业的，但是我很早就通过了专业英语八级考试。”

“大家好，我叫小雅，我就读于×××大学（国内排名前十的某重点大学），我即将继续攻读博士学位。”

很快就要轮到我介绍自己了，我感觉压力很大。

当时，我正在参加国内某知名培训机构兼职英语培训教师的面试。从其他两位竞争者的自我介绍来看，他们仿佛都有很强的实力——他们都毕业于重点高校，头上自带光环，脸上闪烁着自信。

轮到我介绍自己的时候，我没有先说自己就读的学校。当时我读研究生二年级，心里很清楚，我所就读的学校，无法给我带来额外的竞争优势。要想引起面试官的注意，我必须在介绍自己的时候更加用心，表现得更加有创意一点。

我发现我是三位应聘者中年龄最大的一位，就借用了一句英文谚语作为自己的开场，“大家好，我是晓东。英文中有句谚语——You can't teach an old dog new tricks（上年纪的人学不了新玩意），我却不这么认为。在几位面试者中，我看起来年纪最大，但是我依然具有一颗‘求知若渴’的心。我觉得个人的最大优势就是，愿意用成长的心态去面对生活中的一切难题。我相信，无论我的起点多低，只要我肯努力，就可以给别人带来惊喜。”

我注意到，当我在进行自我介绍的时候，三位面试老师同时抬起了头，给了我不少关注。

面试过后，我们三个人都进入了试讲环节。在去试讲的前一天晚上，我一直忙到凌晨2点，准备了上百页的PPT。我知道，和其他两位名牌高校毕业的学生相比，我在学历上不占优势，只有比他们多努力好几倍才有机会。

第二天中午，我和其他两位面试者一起吃午饭。谈到下午的试讲，他们都显得很放松，只有我的紧张是写在脸上的。他们俩还安慰我：“不必太紧张，根本就没什么大不了的。”

但我控制不住地紧张，因为我为这次面试投入了很多努力，很想赢。其实，从心理学的角度来分析，演讲前的紧张并不总是一件坏事情，因为适度的焦虑，有时会让一个人表现得更好。

果然，下午的试讲开始后，我很快就进入了状态，之前的充分准备让我在试讲时表现得游刃有余。由于我是第一个试讲的竞聘者，在我试讲结束后，我发现其他两位面试者开始紧张了。或许，他们感受到了来自我的压力。

后来，我成为这三个人中最早在这家英语培训机构担任培训教师的人。复盘这次面试成功的经历，我有两个很深的体会。

第一个体会：一个人的能力不是被一个闪亮的标签（例如毕业于某重点大学）就可以定义的。即使非重点大学毕业，只要肯努力，就依然有机会。

毫无疑问，“重点大学毕业”是一个加分项。但是如果一个人空有一个“毕业于某重点大学”的标签，自身却没有持续地去努力，导致个人能力与名校毕业的背景不匹配，那么“重点大学毕业”就变成了一个减分项。

我的一个朋友，毕业于某重点大学，但是他感觉自己混得不好，因此总是羞于去提自己所毕业的大学，担心别人会嘲笑他当年只是混了个学位。

第二个体会：人的能力不是固定不变的，是可以持续得到提升的。昨天的你不能代表今天的你，更不能代表未来的你。

一个人无论起点多低，只要选对方向，肯不断努力、不断成长，就有可能拥抱更大的机遇，获得更优秀的成绩。

总之，无论你是否毕业于重点大学，无论你身上有多么闪亮的光环和标签，都只不过是过去的证明而已。在事业发展的道路上，唯一能带给你好运气的，就是持续不断的努力。

成长型思维——迎着压力成长的秘密武器

这种强调努力价值和意义的理念，在心理学上被定义为“成长型思维”。

在《终身成长》一书中，作者卡罗尔·德韦克这样描述“成长型思维”：“你的基本能力是可以通过你的努力来培养的。即使人们在先天的才能和资质、兴趣或性情方面有着各种各样的不同，每个人都可以通过努力和个人经历来改变和成长。”①

成长型思维就是一种强调努力可以改变命运的思维：我们的能力不是一成不变的，现在不行并不代表未来不行。只要我们肯不断努力，我们的能力就会得到提升，我们做事成功的概率就会提高。

与“成长型思维”相对的，是“固定型思维”。采用固定型思维方式的人，相信自己的才能是一成不变的，是可以被某一次成败经历定义的，因此他们非常擅长给自己贴一些标签。当他们在某一方面取得成绩的时候，他们会不停地炫耀，标榜自己就是一位成功人士；而当他们遭遇失败的时候，他们就会悲伤不已，认为自己是一个彻头彻尾的失败者。

---

①［美］卡罗尔·德韦克.终身成长[M].楚祎楠，译.南昌：江西人民出版社，2017：7.

面对同一次考试失败，具有成长型思维的人认为，失败主要是由于自己不够努力或者努力的方法不当造成的，只要更加努力，及时总结经验，找到适合自己的努力方法，下次考试就一定会取得很好的成绩。而具有固定型思维的人则认为，失败就说明自己的能力不行，即使再努力也不会有太大改进，所以他们很容易因为一次失败而受到打击，长时间被悲观或忧伤的情绪笼罩，丧失继续前进的信心。

在明白了成长型思维和固定型思维之间的差别后，我们不难做出一个推论，成长型思维是我们对抗诸多人生压力的一个有效秘密武器。拥有这种思维方式的人，不害怕面对失败，他们更倾向于把失败、挫折等压力情境看作激发自身潜能的一种机遇。他们不会轻言放弃，反而会愈战愈勇，最终在迎战压力的过程中使自己焕发出夺目的光彩和活力。

人生的三项重要课题，都需要成长型思维助力

心理学家阿德勒曾经说过，每个人的一生都要面对三项重要的人生课题，即工作课题、交友课题和爱的课题。我们要想很好地应对这三项课题，就离不开成长型思维的助力。

1. 工作课题

无论是工作中的难题，还是堆积如山的琐碎问题，都很容易成

为人们的压力来源。这个时候，我们应该如何采用成长型思维来应对呢？

我曾经有好长一段时间，一边从事行政工作，一边从事教学工作。在那段时间里，我感觉心理上的压力不断累积，越来越大。但是现在回过头来看，恰恰是在那段时间，我的成长速度最快，能力提升最为显著。

在那段时间，我不停地用成长型思维来面对这些工作上的压力。当工作非常繁忙的时候，我就反问自己："是否可以借此机会学习一些时间管理的方法，提升自己在时间管理方面的能力？"当我不得不面对很多在心理方面存在问题的学生的时候，我就反问自己："是否可以借此机会学习一些心理咨询的知识，提升自己的助人能力？"

一旦这样思考问题，我在面对来自工作方面的压力的时候，就不再有那么多逃避的心态或者消极的态度。因为我想明白了一件事情，这些压力存在的意义就是让我的能力变得更强。于是，在面对工作上的压力的时候，我选择迎难而上，并且把这些压力看作个人成长的重要机遇。

2. 交友课题

在做学生管理工作的那段时间，有不少学生因为自己和寝室舍友存在一些矛盾，整天把自己搞得郁郁寡欢，就过来找我，想要调换寝室。

面对这类学生，我通常不会马上批准他们调换寝室的申请，因为根据之前的工作经验，帮助学生调换寝室，是一件治标不治本的事情——很多学生在换了新的寝室后，很快又会遇到新的人际关系问题。问题不会因为这个学生的逃避而自行消失，假如他的人际交往能力没有培养起来，那么无论他换到哪个寝室，人际交往问题都会存在。

那么，我是如何处理这一类问题的呢？我鼓励这些因为寝室人际关系矛盾而饱受困扰的学生用成长型思维来面对交友课题，鼓励他们将眼前这些暂时的困难看作个人成长的难得机遇。

我对学生说："不如借此机会，好好锻炼一下自己的人际交往能力。如果你能跨过这道坎儿，想出办法去应对寝室里那个看似'难搞'的室友，那么将来踏上工作岗位之后，你也会有信心去应对那些'难搞'的同事了。"

我还和这部分学生共同探讨了他们在交友过程中遇到的其他问题，并和他们分享了一些应对的方法和技巧，鼓励他们带着这些方法和技巧在人际交往的过程中做进一步的尝试。

"可不要轻易浪费这个能够锻炼你人际交往能力的机会啊！"这是我经常跟学生说的一句话。事实证明，学生一旦愿意采用成长型思维去面对交友的课题，就能看到破解眼前难题对于成长的意义，努力做出一些积极的尝试和改变，在人际交往方面取得一定的进步。

3. 爱的课题

我们在处理爱的课题的时候，运用成长型思维也很重要。因为“爱”，不是一段仅仅靠激情就可以维持的关系，而是一项需要不断学习和精进的技能。正如弗洛姆在《爱的艺术》中所说：“人们要学会爱情，就得像学其他的艺术——如音乐、绘画、木工或者医疗艺术和技术一样的行动。”①

在婚姻中，夫妻之间不可避免地要发生争吵。有的时候，两个人竭尽所能地避免争吵，只会让彼此的关系越来越疏离，阻止爱在两个人之间自由流动。夫妻之间发生争吵不可怕，关键看以什么样的心态去面对争吵。

采用成长型思维方式面对争吵的夫妻，他们会把争吵看作一次沟通的机会，借此机会表达出自己的真实感受，同时把在心底压抑已久的话说出来。即使在争吵的过程中，他们也会对彼此之间的感情抱有强烈的信心，同时将对方提出的意见看作一种反馈，从而找到自己今后改进和努力的方向。他们会因为“适度、克制、充满爱意”的争吵而让彼此之间的心理距离越来越近，感情越来越浓。

而采用固定型思维方式面对争吵的夫妻，他们会把争吵当作对爱情的极大否定。他们认为，只要一争吵，两个人之间就没有爱情了，所以他们会采用一种逃避的心理，尽量用冷战的方式来回避争吵。然而回避争吵的本质就是在逃避问题，问题不会因为逃避而

---

①［美］弗洛姆.爱的艺术[M].李健鸣，译.上海：上海译文出版社，2008：5.

得到解决，两个人不沟通、不交流，彼此之间的怨恨只会越积累越深，最终不可避免地爆发更大范围和程度的争吵。而一旦争吵变得不可避免，他们又会采用悲观的视角看待问题，把争吵看作对感情的毁灭性打击，最终加剧一份感情的分崩离析。

三项修炼，助你拥有成长型思维

既然认识到了成长型思维的重要性，那如何做才能更好地习得这样一种有价值的思维方式呢？

1. 相信人生是一场马拉松而不是短跑冲刺

我的一位学生小N报考了一所重点大学的研究生，最终因几分之差没有考到理想的学校，被调剂到一所普通高校。小N不想去这所普通的高校读研究生，于是尝试去找工作，由于她的眼光比较高，结果她面试了十几份工作，都被拒绝了。

小N感到心灰意冷。我问小N："你有什么长远的规划和打算吗？"她非常坚定地回答，自己的最终目标是进大学做老师。我又接着问小N："做大学老师，一般都需要博士学历，继续深造显然更加符合你的职业规划，为什么你这么着急地想要马上工作呢？"

经过一番沟通，我发现小N急着找工作的原因是，她觉得自己没有考上重点大学的研究生，就是没有做学术研究的潜力，于是转而想要通过尽快找到一份很好的工作来证明自己。但是在内心深处，她依然想成为一名大学教师。

现实生活中的很多人，他们之所以会放弃梦想，往往是因为他们急着去证明自己，就临时改变了前进的方向，去做那些看起来比较容易取得成绩的事情。然而，我们无论做什么事，要想取得一番骄人的成绩，都需要付出艰苦卓绝的努力，而频繁地转换赛道，很容易浪费之前的积累和努力，最终不得不从头开始。

人生的本质是一场马拉松，而不是短跑冲刺，有的时候，慢慢来，反而会比较快。因为着急的人，很容易半途而废。大约十年前，我就想成为一名大学老师，因为我深深地热爱着三尺讲台。为了实现这个梦想，我经历了好几次博士考试失利，但是我没有选择放弃。考上博士研究生后，我又花了几年的时间，才拿到博士学位。整个过程，前前后后正好花了十年时间。现在，我终于成为一名大学专职教师。我很庆幸，自己在过得特别难的时候，没有转换赛道去做其他事情——比如去谋求更高的行政职务。因为我知道，只有在自己感兴趣的领域拼命努力、坚持到底，一点点去积累，一点点去成长，才有机会笑到最后。

2. 把挫折和失败看作一次难得的成长机遇

我们都渴望自己的生活和工作顺顺利利，最好不要有什么烦心事。可人生在世，十有八九都是不如意的事，因此，我们就需要和这些不如意的事情共存。而共存的一种方式就是，采用成长型思维去看待这些不如意的事，把生活中经常会出现的挫折或者失败，看

作难得的成长机遇。

我曾经有过将近一年的失眠的经历。但正是在若干个睡不着的夜晚，我不停地和自己对话，对自己的个性有了更加深入的了解。我渐渐地明白，要学会接纳不完美的现实，而不要过分执着地去强求那些原本不属于自己的东西。

与此同时，正是因为对失眠这段经历的反思，让我重新对心理学燃起了浓厚的兴趣，读了很多心理学方面的书，后面才有机会在学校开设心理学方面的课程。也正是因为失眠的这段经历，让我开始认识到保持充实生活的重要性，如果每天总是胡思乱想，不去做一些具体的事情，整个人就会感觉轻飘飘的，活得不真实。

总之，对于我来说，失眠这段经历就是一份包装丑陋的礼物。虽然它包装丑陋，最初很难让人接受，但是我只要鼓起勇气打开这份礼物，就能获得很多成长的喜悦。俗话说，行有不得，反求诸己。当我们做事不成功的时候，恰恰是我们反思自己的绝佳机会。这个时候，我们就可以采用成长型思维去反思自己。我们不要总是去抱怨："为什么这件倒霉的事又落在我头上了？"而要尝试追问自己："这件不顺心的事情降临在我的头上，是为了让我学到什么东西，在哪些方面有所成长呢？"

3. 相信比维护完美形象更重要的是终身成长

前些日子，我在一个平台上发布了一个视频，内容是关于介绍一本心理学书的。虽然录视频花了不少时间、用了不少心思，但总感觉自己在视频中的形象不够完美。而且，视频在平台上线几天之后，点击量没有达到自己的预期。

于是，我完美主义发作，索性把这个视频删除了。没想到，删除视频没多久，我就收到一位粉丝发来的私信："老师，前几天看到您发了一个介绍心理学书籍的视频，很受启发，非常期待您的下一期视频！"

看到这条留言，我感觉心情有点复杂。因为在做自媒体这几年里，自己经常会因害怕表现得不完美而放弃很多尝试的机会。比如，有时候想去追某个新闻热点，却总觉得自己的文笔太过稚嫩、思想不够深邃，害怕文章发出来被人嘲笑专业水平不够，所以写了个开头就匆匆放弃。但是，我在看到同行追热点的文章发出来受到热捧后，又觉得很不甘心——明明自己也可以写出同等水平的文章，却没有动笔去写。

再比如，大概一年前，我就逐渐意识到，随着工作、生活节奏的加快，人心的浮躁，在自媒体上发的文章的阅读量势必会越来越少，应该尽快开始做短视频，才能持续获得更多的关注。然而，在尝试录发了几个小视频之后，我就感觉自己的形象不够出众、镜头感不强，还感觉录小视频太麻烦，所以就慢慢停止更新了。

反思这些经历，我愈发明白了一个道理，一个人犯的最大的错误，就是害怕犯错误。而一个人之所以会害怕犯错误，往往是因为他想要维护自己的完美形象。为了维护自己的完美形象，很多人丧失了迎接挑战的勇气，只愿留在自己的舒适区。可问题是，一个人

长时间留在自己的舒适区，就很难有所成长。从长远来看，这是一件会给自己造成巨大损失的事情。

总之，比维护完美形象更加重要的是终身成长。只有选择了终身成长，我们的能力才有机会得到提高。当我们的能力变得越来越强、不断取得更大成就的时候，当年那些出糗的、不完美的经历，都将变为美好又温馨的回忆。